Heft 10. 20. September 1908.

Berichte

des

Verbandes der Laboratoriums-Vorstände

an deutschen Hochschulen.

Inhalt:

Seite

A. Das Braunschweiger Statut 3

B. Ausführungsbestimmungen 5

C. Das Dresdner Protokoll 11

D. Mitgliederverzeichnis des Verbandes 13

E. Register der im Sommer 1907 und Winter 1907/08 ausgestellten Verbandszeugnisse 15

F. Übersicht über die ausgestellten Verbandszeugnisse 38

G. Register der Ergänzungszeugnisse 40

H. Liste der Doktordissertationen 42

I. Übersicht über die Promotionen 70

K. Alphabetisches Verzeichnis der Kandidaten 72

Leipzig
Verlag von Veit & Comp.
1908

Berichtigung.

Auf Seite 56/57 des X. Berichts ist in dem Abschnitt „Technische Hochschule Karlsruhe" durch Versehen des Verwaltungsassistenten bei einer Anzahl der Arbeiten statt der Namen des die Arbeit leitenden Dozenten der Name des Referenten (Engler) eingefügt worden.

Es muß dort heißen bei:

1.	**Max Schohl**	(Chem. Inst.)	Engler.
2.	**Paul Wöhler**	» »	Wöhler.
3.	**Walter Witzmann**	» »	Wöhler.
4.	**Joseph Adler**	» »	Herzog.
5.	**Rudolf Albrecht**	» »	Engler.
6.	**Adolf König**	(Physik. chem. Inst.)	Haber.
7.	**Werner Neovius**	(Chem. Inst.)	Scholl.
8.	**Werner Plüddemann**	» »	Wöhler.
9.	**Christian Seer**	» »	Scholl.
10.	**Philipp Stegmüller**	(Physik. chem. Inst.)	Haber.

14411

Berichte

des

Verbandes der Laboratoriums-Vorstände

an deutschen Hochschulen.

Zehntes Heft.

(20. September 1908.)

Leipzig
Verlag von Veit & Comp.
1908

INHALT.

	Seite
A. Das Braunschweiger Statut	3
B. Ausführungsbestimmungen	5
C. Das Dresdner Protokoll	11
D. Mitgliederverzeichnis des Verbandes	13
E. Register der im Sommer 1907 und Winter 1907/08 ausgestellten Verbandszeugnisse	15
F. Übersicht über die ausgestellten Verbandszeugnisse	38
G. Register der Ergänzungszeugnisse	40
H. Liste der Doktordissertationen	42
I. Übersicht über die Promotionen	70
K. Alphabetisches Verzeichnis der Kandidaten	72

Berichtigungen zu Bericht 9.

a) Die Zeugnisse 1899, 5196—5199, 5381 und 5531 sind zweimal (nämlich irrtümlich schon in einem früheren Bericht) aufgeführt worden.

b) Für die folgenden Kandidaten sind versehentlich falsche Nummern angegeben worden:

Joh. Mätzel,	(VIII. S. 19)	hat Nr.	**5641**	und nicht 5663	erhalten.
Adolf Schwarz,	(VIII. S. 24)	» »	**5441**	» » 5447	»
Georg Heffter,	(IX. S. 33)	» »	**5682**	» » 5082	»
Ewald Weller,	(IX. S. 33)	» »	**5681**	» » 5081	»
Wilhelm Frohneberg,	(IX. S. 33)	» »	**5061**	» » 5681	»

c) Die Zeugnisse auf S. 21 sind von Prof Ruff **und** Prof. Wohl ausgestellt worden.

d) Auf Seite 39 ist die Zahl der Verbandszeugnisse unter Münster für W.-S. 1906/07 zu 13 angegeben, statt zu 3. Dementsprechend sind auch die Summe unter dieser Kolumne und die Zahlen in den beiden untersten Zeilen der Zusammenstellung um 10 zu verkleinern.

In der Übersicht auf Seite 72 ist dieselbe Hochschule durch ein Versehen nicht mit aufgenommen worden. Die Zahlen unter I und V sind daher um 2 zu vergrößern.

Duplikate.

Im Laufe des Jahres ist der Verlust folgender Zeugnisse angezeigt worden. Die Inhaber erhielten Duplikate.

Nr.	Inhaber	Aussteller
5002	Ceslaus Mizerski,	Prof. Ladenburg.
5127	Konrad Schübel,	i. V. Prof. Manchot.
4831	Bernhard Romahn,	Prof. Auwers (ohne Prüf. in Org. Ch.).
5102	Ernst Blobel,	» Beckmann (erhielt Nr. **5957**).
3549	Joseph Freund	» v. Knorre (ohne Prüf. in Org. Ch.).
3796	Gerhard Meyer	» Claisen.

A.

Das Braunschweiger Statut

des Verbandes der Laboratoriums-Vorstände an deutschen Hochschulen.

---

1. Zur Pflege und Förderung des chemischen Unterrichtes an den deutschen Universitäten und technischen Hochschulen bilden die Vorstände der chemischen Unterrichtslaboratorien einen Verband, der den Namen

„Verband der Laboratoriums-Vorstände an deutschen Hochschulen"

führt und seinen Sitz in München hat.

2. Mitglied des Verbandes wird auf seinen Antrag jeder Vorstand eines chemischen Unterrichtslaboratoriums an einer der unter 1. genannten Anstalten.

3. Der Verband verfolgt seine Zwecke:
   a) durch den Verkehr mit Behörden und anderen Körperschaften;
   b) durch Vereinbarungen über gemeinsame Maßnahmen zur Sicherung einer gründlichen Ausbildung der Studierenden;
   c) durch die Herausgabe einer Verbandszeitschrift;
   d) durch den persönlichen Verkehr der Mitglieder.

4. Die Angelegenheiten des Verbandes werden durch einen Vorstand geleitet, der aus folgenden Gliedern besteht:

Erster und zweiter Vorsitzender;
Schriftführer, zugleich Leiter der Verbandszeitschrift;
Schatzmeister;
Zwei Beisitzer.

Die Glieder des Vorstandes werden auf je drei Jahre gewählt; jährlich scheiden zwei von ihnen aus; Wiederwahl ist zulässig.

5. Der Verband tritt in der Regel jährlich zu einer Hauptversammlung zusammen, welche den Rechenschaftsbericht des Vorstandes entgegennimmt, die Wahlen ausführt, über Zeit und Ort der nächsten Versammlung, sowie über eingelaufene Anträge beschließt.

Die Hauptversammlung beschließt mit einfacher Mehrheit; für Satzungsänderungen ist Zweidrittelmehrheit erforderlich.

Außerordentliche Versammlungen können durch den Vorstand und müssen auf Antrag von einem Drittel der Mitglieder einberufen werden.

Der Verband stellt sich zunächst folgende Aufgaben:

Zum Abschluß der Vorbildung der Studierenden findet eine praktische Prüfung in qualitativer, quantitativer und Maß-Analyse, ferner eine mündliche Prüfung in der unorganischen, analytischen Chemie und in den Elementen der organischen Chemie statt, welche in der Regel durch den unmittelbaren

Lehrer des Studierenden (Assistent, Abteilungsvorstand) in Gegenwart des Direktors abgenommen wird. Diese Prüfung ist einheitlich an allen dem Verband angehörigen Laboratorien, sie steht in keinem Zusammenhange mit dem Doktor- oder Diplom-Examen oder mit der Frage des Staatsexamens und gilt nur als Ausweis über die vom Verbande geforderten Kenntnisse.

Der Verband sieht es ferner als seine Aufgabe an, den Studierenden der technischen Hochschulen die Zulassung zur Promotion, sowie umgekehrt den Studierenden der Universitäten die Zulassung zu den Diplomprüfungen möglichst zu erleichtern.

Endlich soll der Verband eine korporative Vertretung gegenüber Behörden, Ministerien usw. bilden.

Die Berichte des Verbandes werden etwa Mitte September herausgegeben; sie enthalten die Register über die an den einzelnen Laboratorien ausgestellten Verbandszeugnisse und über die vollzogenen Promotionen (mit Angabe der bearbeiteten Themen) und die dazu gehörigen nach Hochschulen geordneten Übersichten.

Die Berichte können durch den Buchhandel oder vom Sekretär des Verbandes, Dr. W. Böttger, Leipzig, Linnéstraße 2, bezogen werden.

Der Verband ist in Braunschweig am 19. September 1897 gegründet worden und trat mit dem 1. April 1898 in Tätigkeit. Das Geschäftsjahr beginnt am 1. Oktober. Der Jahresbeitrag ist an den Schatzmeister Herrn Prof. Dr. Liebermann, Berlin W., Mathäikirchstr. 29 durch Postanweisung mit bezüglichem Vermerk einzusenden.

Verzeichnis des Vorstandes und der Mitglieder siehe Seite 13.

B.

Ausführungsbestimmungen

für die Verbandsprüfung,

angenommen in der Verbandsversammlung vom 12. März 1898

---

§ 1.

Das Verbandsexamen besteht aus einer praktischen Prüfung in qualitativer, quantitativer und Maßanalyse und ferner in einer mündlichen Prüfung in analytischer und unorganischer Chemie, sowie in den Elementen der organischen Chemie.

§ 2.

Der Zweck dieser Prüfung ist ein dreifacher. Für die Studierenden soll dieselbe ein Abschluß für die Vorbereitungsstudien sein. Den Laboratoriumsvorständen soll dadurch ein Mittel an die Hand gegeben werden, um einerseits zu kontrollieren, ob die in ihrem Laboratorium arbeitenden Studierenden nach allen Seiten hin in der elementaren Chemie hinreichend ausgebildet sind; und anderseits die fremden Studierenden, welche von anderen Hochschulen oder von Privatlaboratorien kommen, auf ihre Kenntnisse zu prüfen und eventuell zu einer Repetition zu veranlassen. Drittens soll die Prüfung den Industriellen oder anderen Personen, welche Chemiker anstellen, eine Garantie dafür geben, daß der Bewerber die notwendigen elementaren Kenntnisse besitzt. Die bisherigen Einrichtungen haben erfahrungsmäßig hierfür nicht ausgereicht.

§ 3.

Da durch die Verbandsprüfung eine gleichmäßige Ausbildung der Studierenden in den Elementen erzielt werden soll, so ist selbstverständlich, daß die Anforderungen an allen Hochschulen in sachlicher Beziehung einheitlich sein müssen. Dagegen kann die Form, in der sich der Lehrer von dem Vorhandensein der geforderten Kenntnisse überzeugt, eine verschiedene sein. So kann z. B. an technischen Hochschulen ein Verbandszeugnis auf Grund einer Diplomprüfung oder einer Schlußprüfung ausgestellt werden, wenn in letzteren mindestens ebensoviel verlangt wird als in der Verbandsprüfung. Auch an Universitäten soll kein besonderer Modus für das Examen vorgeschrieben werden. Es bleibt dem Examinator überlassen, wie er sich von dem Vorhandensein der Kenntnissse überzeugen will, er haftet aber durch seine Namensunterschrift dafür, daß der Kandidat zur Zeit der Prüfung die vom Verbande geforderten Kenntnisse besessen hat. Verbandszeugnisse auf

Grund der Versicherung eines Studierenden, daß er die geforderten Kenntnisse besitze, oder auf das Zeugnis eines anderen Lehrers hin auszustellen, ist daher unzulässig. Was die Ausführung der praktischen Prüfung betrifft, so kann die Überwachung derselben von dem Vorstande einem Abteilungsvorstand oder Assistenten übertragen werden, der Vorstand übernimmt aber persönlich die Verantwortung und bescheinigt das Bestehen der Prüfung durch seine Namensunterschrift. In Laboratorien, wo ein Laboratoriumsjournal eingeführt ist, kann das Bestehen der praktischen Prüfung auch auf Grund dieses Journals bezeugt werden.

§ 4.

Die praktische Prüfung und die mündliche Prüfung in der analytischen und in der unorganischen Chemie muß an ein und derselben Hochschule innerhalb 6 Monaten abgelegt werden. So kann z. B. die praktische Prüfung am Ende des Sommersemesters, die mündliche zu Anfang des Wintersemesters stattfinden. Stets muß aber die praktische Prüfung der mündlichen vorangehen. Verbandszeugnisse über die praktische Prüfung allein haben daher an einer anderen Hochschule keine Gültigkeit.

Die mündliche Prüfung in organischer Chemie kann auch an einer anderen Hochschule und zu einer beliebigen Zeit abgehalten werden.

§ 5.

Als erstrebenswertes Ziel wird hingestellt, daß der Examinator nur solche Studierende examiniert, die in seinem Laboratorium gearbeitet haben. Den tatsächlichen Verhältnissen entsprechend, ist es indessen auch gestattet, fremde Studierende zu prüfen, namentlich auch solche, welche auf ausländischen Anstalten studiert haben. Beanspruchen können die Zulassung indessen nur diejenigen, welche mindestens ein Semester in dem betreffenden Laboratorium gearbeitet und sich nach Ansicht des Vorstandes die nötigen Kenntnisse erworben haben. Der Eintritt in den Verband verpflichtet den Laboratoriumsvorstand, solche Studierende zu prüfen, während die Prüfung von andern seinem freien Ermessen anheimgestellt wird. Die Prüfung erfolgt auf Antrag des Studierenden oder auf Wunsch des Vorstandes. Besteht der Studierende die Prüfung nicht, so wird auch kein Zeugnis ausgestellt. Vorschriften über die Wiederholung der Prüfung werden nicht gegeben.

Die Verbandsmitglieder sind verpflichtet, nur solchen Studierenden, welche die Verbandsprüfung bestanden haben, ein Thema für eine Doktorarbeit zu geben.

§ 6.

Umfang der Verbandsprüfung.

Die praktische Prüfung.

Die praktische Prüfung zerfällt in drei Teile:

a) Ausführung einer qualitativen Analyse.

In dieser Prüfung wird gefordert, daß der Kandidat in einem eigens zu diesem Zweck dargestellten Gemisch alle Bestandteile nachweist. Das Gemisch soll eine größere Anzahl von Stoffen enthalten, aber nur solche, welche in dem allgemein üblichen Gang der Analyse vorkommen.

b) Quantitative Analyse.

In der quantitativen Analyse wird das Hauptgewicht auf die Genauigkeit der Bestimmung gelegt. Dem Kandidaten ist die qualitative Zusammensetzung der Mischung mitzuteilen, er hat darin zwei bis drei Stoffe, deren Trennung und Bestimmung in dem üblichen analytischen Gang vorkommen, quantitativ zu bestimmen.*)

c) Maßanalytische Aufgabe.

Bei diesem Teile der Prüfung muß der Kandidat alle zur Verwendung kommenden Normallösungen selbst darstellen.

---

*) Da die Ansichten über das, was in der quantitativen Analyse gefordert werden muß, ziemlich weit auseinandergehen, sind im folgenden einige Beispiele von Aufgaben aufgeführt:

1. Gemisch von Chlorkalium und Jodkalium.
   In einer Portion ist Jod und Chlor zu bestimmen, in einer zweiten Alkali als Sulfat.
2. Kupfersulfat und Mohrsches Salz.
   In einer Portion Kupfer und Eisen.
3. Kupfersulfat und Zinksulfat.
   In einer Portion Kupter und Zink, in einer zweiten Schwefelsäure.
4. Magnesiumsulfat und Kaliumsulfat, nicht das Doppelsalz.
   In einer Portion Magnesium und Kalium, in einer zweiten Schwefelsäure.
5. Quecksilberchlorid und Wismutnitrat.
6. Chromalaun und Tonerdealaun.
7. Kaliumpermanganat und Kupfersulfat.
8. Chlorkalium, Chlornatrium, Chlorammonium.
   In einer Portion Kalium und Natrium, in einer zweiten Chlor.
9. Schwefelkadmium und Zinnober mit Schwefel gemengt.
   Schwefel durch Schmelzen zu oxydieren und als Baryumsulfat zu bestimmen.
10. Reiner Orthoklas und Quarzpulver.
    Kieselsäure- und Tonerdebestimmung.

Die mündliche Prüfung.

Die mündliche Prüfung zerfällt in drei Abschnitte:

a) Analytische Chemie.

In der qualitativen Analyse soll der Kandidat den Nachweis der in dem üblichen Gang vorkommenden Stoffe kennen. In der quantitativen Analyse wird die Kenntnis der Trennungs- und Bestimmungsmethoden der wichtigeren Elemente und ihrer Verbindungen verlangt.

b) Unorganische Chemie.

In diesem Fache wird die Kenntnis der Disziplin in dem Umfange gefordert, wie sie in der Regel in den Vorlesungen über unorganische Experimentalchemie vorgetragen wird.

c) Organische Chemie.

Kenntnisse der Grundsätze der organischen Chemie.

v. Baeyer, Vorsitzender.   **E. Beckmann,** Schriftführer.

Erläuterungen.

A. zum Verbandszeugnis.

1. **Vorbildung.** In dieser Rubrik ist anzugeben der Charakter der Schule, die besucht wurde und die darin absolvierte Stufe, oder die bereits bestandene staatliche Prüfung (Apotheker) bezw. der erreichte akademische Grad (Bachelor of Science).

2. **Examinator.** Durch Eintragung der Namensunterschrift in die mit Examinator bezeichnete Kolumne wird bescheinigt, daß der Kandidat den betreffenden Teil der Prüfung bestanden hat. In dieser Rubrik sind nur die Namen der Mitglieder des Verbandes anzugeben, dagegen nicht die Namen der etwa examinierenden Assistenten oder Abteilungsvorsteher. Ist der Laboratoriumsvorstand durch Krankheit oder längere Abwesenheit verhindert, so tritt der amtliche Stellvertreter nach erfolgter Anzeige beim Vorstande des Verbandes in alle Rechte und Pflichten des Laboratoriumsvorstandes dem Verbande gegenüber ein.

3. **Art der Prüfung.** Diese Kolumne wird ausgefüllt mit V. oder D. oder N. — V. bedeutet »Verbandsprüfung«, D. »Diplomprüfung« und N. »Nahrungsmittelchemiker-Vorprüfung«.*)

4. **Gültigkeit** erhält das Verbandszeugnis erst durch das Bestehen in allen vier Teilen der Prüfung. Der Examinator, welcher zuletzt prüft, fertigt das Zeugnis aus, indem er seinen Namen in die zweite Kolumne einträgt, und außerdem den Passus: »In das Register eingetragen« mit Datum und mit seiner Namensunterschrift versieht.

5. **Eintragung in die Listen.** Jede erledigte Prüfung wird in das Register eingetragen. Auf Grund dieser Listen erfolgt die Veröffentlichung in den vom Verband herausgegebenen Berichten. Die Bekanntgabe einer Prüfung an den Sekretär erfolgt aber erst, nachdem alle Teile derselben erledigt sind. Es sind demgemäß in die Listen, die dem Sekretär eingesandt werden, nur die Kandidaten aufzunehmen, die auch die Prüfung in organischer Chemie bestanden haben. Hat ein Kandidat die Prüfung an zwei Laboratorien abgelegt, so wird der Name des Kandidaten nur in der Liste desjenigen Mitgliedes geführt, bei welchem der letzte Teil erledigt worden ist. Als Nummer des Zeugnisses ist die aufgedruckte Nummer in das Register einzutragen.

6. **Aushändigung der Zeugnisse.** Das Zeugnis darf dem Studierenden zur Legitimation erst ausgehändigt werden, nachdem die praktische Prüfung, sowie die mündlichen Prüfungen in unorganischer und analytischer Chemie bestanden und im Zeugnisformular bescheinigt worden sind.

7. **Meldung zur Promotion.** Die Studierenden werden gebeten, bei den Eingaben um Zulassung zur Promotion neben den anderen Papieren auch das Verbandszeugnis zwecks Erleichterung der statistischen Zusammenstellung vorzulegen.

8. **Ausstellung eines Duplikats.** Wenn ein Zeugnis verloren geht oder durch Beschädigung unbrauchbar wird, kann dem Kandidaten ein Duplikat ausgestellt werden. Entsprechende Formulare ohne aufgedruckte Nummer sind im Bedarfsfalle vom Sekretär zu beziehen. Der Name des Empfängers eines Duplikats und die Zeugnisnummer werden im nächsten Verbandsbericht bekannt gegeben. Bei der Bestellung eines Duplikatformulars wolle man daher gleich die entsprechenden Angaben machen.

9. **Ergänzungsprüfungen.** Prüfungen in anderen Spezialfächern der Chemie und sonstigen Fächern werden unter Ergänzungsprüfungen bescheinigt.

---

*) In Karlsbad ist beschlossen worden: Ein Verbandsmitglied, welches Examinator in der Vorprüfung für Nahrungsmittel-Chemiker ist und das zweimalige Examinieren vermeiden will, kann im Verbandszeugnis die mündlichen Prüfungsabschnitte auf Grund der Nahrungsmittelchemiker-Vorprüfung bescheinigen, wenn diese in einem dem Verbandsexamen entsprechenden Umfange abgehalten werden. Voraussetzung ist dabei jedoch, daß der Kandidat nicht länger als sechs Monate vorher bei demselben Verbandsmitgliede den praktischen Teil der Verbandsprüfung absolviert hat. Die praktische Prüfung nach der mündlichen abzuhalten, ist in keinem Falle gestattet. Für die Bestätigung dieser mündlichen Prüfungen auf den Zeugnissen und in den Listen wird die Abkürzung »N« eingeführt.

B. zu den Ergänzungsprüfungen.

1. Ergänzungsprüfungen können nur an Universitäten oder technischen Hochschulen von den Vertretern des betreffenden Faches vorgenommen werden. In bezug auf den Gegenstand der Prüfung findet keine Einschränkung statt.

2. Den Ergänzungsprüfungen muß die vollständige Erledigung der Verbandsprüfung vorausgegangen sein.

3. Die bestandenen Prüfungen werden von einem an dem betreffenden Orte ansässigen Mitgliede des Verbandes mit dem Datum der Prüfung und der Nummer des Verbandszeugnisses registriert und in den vom Verbande herausgegebenen Berichten veröffentlicht. Der Kandidat hat zu diesem Zwecke das Zeugnis nach Eintragung einer Ergänzungsprüfung (eventuell mehrerer) dem, bezw. einem Professor der Chemie dieser Hochschule vorzulegen. Die Register sind mit den übrigen am Ende des Wintersemesters an den Sekretär einzusenden.

4. Der Gegenstand der Prüfung ist unzweideutig, wenn möglich mit einem Hinweis über den Umfang der nachgewiesenen Kenntnisse, im Zeugnisse (unter »Bemerkungen«) und im Register anzugeben.

C.

PROTOKOLL

der

X. Jahresversammlung der Laboratoriumsvorstände deutscher Hochschulen

am 15. September 1907

im Konferenzsaal der Kgl. Technischen Hochschule zu Dresden.

Anwesend die Herren: v. Baeyer, Beckmann, Bunte, Erdmann, E. Fischer, Hantzsch, Harries, Hempel, Le Blanc, Liebermann, v. Meyer, Möhlau, Siegfried.

1. Der Vorsitzende begrüßt die Erschienenen und gibt nach einem kurzen Rückblick über das verflossene erste Dezennium einen Ausblick über die weitere Entwicklungsmöglichkeit des Verbandes. Es werden dabei besonders zwei Probleme berührt, nämlich erstens die Ausgestaltung des propädeutischen Unterrichts für die Studierenden aller naturwissenschaftlichen Fächer und zweitens das Verhältnis zwischen Universitäten und Technischen Hochschulen.

An der sich daran anschließenden lebhaften Diskussion beteiligen sich die Herren: E. Fischer, Harries, Beckmann, Bunte, Hempel und der Vorsitzende. Das Ergebnis derselben ist, daß der Vorsitzende auf Anregung zusagt, seine Ausführungen einem größeren Publikum zugänglich zu machen.

2. **Verbands- und Diplomprüfung.** In der Diskussion über diese Frage nehmen die Herren Hempel, Liebermann, Erdmann, E. Fischer und Bunte das Wort. Punkt 7 des vorjährigen Protokolls wird aufrecht erhalten, allerdings mit der Änderung, daß das Verbandszeugnis schon auf Grund der Diplom-Vorprüfung ausgestellt werden kann. Eine Ausnahmestellung nimmt in dieser Beziehung nur die Münchner Technische Hochschule ein, insofern an derselben bei der Diplom-Vorprüfung keine praktische Prüfung abgehalten wird. Der Vorsitzende wird demgemäß gebeten, mit den Mitgliedern von der Technischen Hochschule zu München deswegen in Verbindung zu treten.

3. **Neue Zeugnisformulare und Ergänzungsformulare.** Der Entwurf für die neuen Zeugnisformulare wird von den anwesenden Mitgliedern als zweckentsprechend befunden. Der Schriftführer regt einige Änderungen am Text der Erläuterungen auf S. 2 an, so auch die Aufnahme eines Passus über die Ergänzungsprüfungen. Die Versammlung pflichtet den Vorschlägen bei.

Als Resultat der Debatte über die Ergängsprüfungen wird beschlossen, dieselben künftig direkt auf den Verbandszeugnisformularen zu bescheinigen. Und zwar sollen einige Fächer, in denen die Ablegung einer Ergänzungsprüfung besonders wünschenswert erscheint, vorgedruckt werden, nämlich: **Mathematik, Physik, Mineralogie** und **Physikalische Chemie.** Für andere Fächer sind einige Zeilen Platz zu lassen.

Die Mitglieder werden ersucht, die Vertreter dieser Fächer für die Abhaltung von Ergänzungsprüfungen zu gewinnen.

4. Der Sekretär erstattet Bericht über das abgelaufene Jahr. Eingetreten ist Herr Le Blanc. Herr Tafel war während des Wintersemesters 1906/07 beurlaubt. Als sein Vertreter hat Herr Manchot fungiert. Bestand 61 Mitglieder.

5. Herrn Liebermann wird nach Erstattung des Kassenberichts von der Versammlung Decharge erteilt.

Abschluß vom 25. August 1907.

a) Einnahmen:

Kassenbestand vom Vorjahre	ℳ	751.72
61 Mitgliederbeiträge à 20 ℳ	»	1220.—
Berichte, Formulare usw.	»	40.35
Zinsen bis 1. August 1907	»	26.50
	ℳ	2038.57

b) Ausgaben:

An Verlagshandlung für Bericht No. 8	ℳ	538.15
Gehalt und Reisevergütung für den Sekretär	»	500.—
Drucksachen	»	215.30
Porti, Diverse	»	133.70
	ℳ	1387.15

c) Gesamtübersicht:

Summe der Einnahmen	ℳ	2038.57
» » Ausgaben	»	1387.15
Kassenbestand	ℳ	651.42

Der Vorsitzende schließt die Versammlung, nachdem er den anwesenden Mitgliedern für die rege Beteiligung an den Verhandlungen gedankt hat.

Herr E. Fischer dankt dem Vorsitzenden und knüpft daran den Wunsch, daß auch die nächste Versammlung unter v. Baeyers bewährter Leitung tagen könne.

v. Baeyer, Vorsitzender. **E. Beckmann,** Schriftführer.

D.

Mitgliederverzeichnis vom 20. September 1908.

Vorstand:

Erster Vorsitzender: A. v. **Baeyer**, München.
Zweiter Vorsitzender: H. **Bunte**, Karlsruhe i. B.
Erster Beisitzer: E. **Fischer**, Berlin.
Zweiter Beisitzer: E. v. **Meyer**, Dresden.
Schriftführer u. Leiter d. Berichtes: E. **Beckmann**, Leipzig.
Schatzmeister: C. **Liebermaun**, Berlin-Charlottenburg.

Mitglieder des Verbandes:

Prof. F. B. **Ahrens**, Breslau, Landwirtschaftl.-Technolog. Institut der Univers. Mathiasplatz 5.
» R. **Anschütz**, Bonn, Chem. Univers.-Laborat.
» K. **Auwers**, Greifswald, Chem. Univers.-Laborat.
» A. v. **Baeyer**, München, Arcisstr. 1. Chem. Laborat. d. Akadem. d. Wissenschaften.
» E. **Beckmann**, Leipzig, Brüderstr. 34, Univers.-Laborat. für angew. Chemie.
» H. **Beckurts**, Braunschweig, Technische Hochschule.
» R. **Behrend**, Hannover, Technische Hochschule.
» J. **Bredt**, Aachen, Technische Hochschule.
» E. **Buchner**, Berlin N., Chem. Laborat. d. Landwirtschaftl. Hochschule, Invalidenstr. 72.
» H. **Bunte**, Karlsruhe, Technische Hochschule.
» A. **Classen**, Aachen, Technische Hochschule.
» Th. **Curtius**, Heidelberg, Chem. Univers.-Laborat.
» O. **Dieffenbach**, Darmstadt, Technische Hochschule.
» K. **Elbs**, Gießen, Phys.-chem. Univers.-Laborat.
» C. **Engler**, Karlsruhe, Technische Hochschule.
» H. **Erdmann**, Charlottenburg, Technische Hochschule.
» E. **Fischer**, Berlin N., I. Chem. Univers.-Laborat.
» O. **Fischer**, Erlangen, Chem. Univers.-Laborat.
» J. **Gadamer** Breslau, Pharmaz. Inst., Schuhbrücke 38/39. I.
» L. **Gattermann**, Freiburg i. B., Chem. Univers.-Laborat.
» A. **Hantzsch**, Leipzig, Chem. Univers.-Laborat.
» C. **Harries**, Kiel, Chem. Univers.-Laborat.
» C. v. **Hell**, Stuttgart, Techn. Hochschule.

Prof. W. **Hempel**, Dresden, Technische Hochschule.
» H. **Kiliani**, Freiburg i. B., Chem. Univers.-Laborat.
» H. **Klinger**, Königsberg i. Pr., Chem. Univers.-Laborat.
» L. **Knorr**, Jena, Chem. Univers.-Laborat.
» G. v. **Knorre**, Charlottenburg, Technische Hochschule, Gr.-Lichterfelde-West, Zehlendorfer Straße 26.
» Fr. **Krafft**, Heidelberg, Wilhelmstr. 2.
» A. **Ladenburg**, Breslau, Chem. Univers.-Laborat.
» M. **Le Blanc**, Leipzig, Phys.-chem. Institut, Linnéstr. 2.
» C. **Liebermann**, Charlottenburg, Technische Hochschule.
» L. **Medicus**, Würzburg, Technologisches Institut der Univers.
» E. v. **Meyer**, Dresden, Technische Hochschule.
» R. **Meyer**, Braunschweig, Technische Hochschule. Chem. Laborat.
» A. **Michaelis**, Rostock i. Meckl., Chem. Univers.-Laborat.
» R. **Möhlau**, Dresden, Technische Hochschule.
» Erich **Müller**, Stuttgart, Technische Hochschule, Inst. f. Elektrochemie u. techn. Chemie, Keplerstr. 7.
» W. **Muthmann**, München, Technische Hochschule, Analyt. Laborat.
» A. **Naumann**, Gießen, Chem. Univers.-Laborat.
» W. **Nernst**, Berlin NW., Phys.-chem. Univers.-Laborat., Bunsenstr. 1.
» C. **Paal**, Erlangen, Pharmazeut.-chem. Inst. d. Univers.
» Th. **Paul**, München, Laborat. f. angew. Chemie, Karlstraße 29.
» O. **Ruff**, Danzig, Technische Hochschule.
» H. **Salkowski**, Münster i. W., Chem. Univers.-Laborat.
» E. **Schmidt**, Marburg i. H., Pharm.-chem. Univers.-Laborat.
» G. **Schultz**, München, Technische Hochschule.
» K. **Seubert**, Hannover, Technische Hochschule.
» M. **Siegfried**, Leipzig, Physiolog. Inst. d. Univers.
» W. **Staedel**, Darmstadt, Technische Hochschule.
» A. **Stutzer**, Königsberg i. Pr., Agrikulturchem. Institut.
» J. **Tafel**, Würzburg, Chem. Institut.
» G. **Tammann**, Göttingen, Anorgan. chem. Institut.
» J. **Thiele**, Straßburg, Chem. Univers.-Laborat.
» B. **Tollens**, Göttingen, Agrikulturchem. Laborat. d. Univers.
» J. **Volhard**, Halle a. S., Chem. Univers.-Laborat.
» O. **Wallach**, Göttingen, Chem. Univers.-Laborat.
» H. **Wichelhaus**, Berlin NW., Technolog. Institut d. Univers., Bunsenstraße 1.
» W. **Wislicenus**, Tübingen, Chem. Univers.-Laborat.
» O. N. **Witt**, Charlottenburg, Technische Hochschule.
» A. **Wohl**, Danzig, Technische Hochschule.
» Th. **Zincke**, Marburg i. H., Chem. Univers.-Laborat.

Auf Grund der Braunschweiger Statuten sind bis zum 1. April 1908 folgende Register der abgelegten Prüfungen an den Schriftführer des Verbandes eingesandt worden.

(* bedeutet: Angabe fehlt.)

E.

Register der im Sommer 1907 und im Winter 1907/08 ausgestellten Verbandszeugnisse.

Chemisches Laboratorium der Technischen Hochschule Aachen.

Aufgedruckte No. der Zeugniskarte	Vorname	Zuname	Geburtsort	Vorbildung	Examinatoren	Datum der Ausfertigung	Art der Prüfung
W.-S. 07/08							
2536	Albert	Vossen	Aachen	Hum.-G. Ab.	Classen Bredt	29./10. 07	D.
2537	Siegm.	Thieler	Jena	R.-G. Ab.	Classen Bredt	29./10. 07	D.
2538	Paul	Esser	Haarlem (Holland)	R.-G. Ab.	Classen Bredt	29./10. 07	D.
2539	Hermann	Jentgen	Wiesdorf	Pr. Hum.-G.	Classen Bredt	29./10. 07	V.
2540	Jean. B.	Krier	Luxemburg	Hum.-G.	Classen Bredt	29./10. 07	V.
2541	Anton	von der Maaren	Haarlem (Holland)	R.-G. Ab.	Classen Bredt	29./10. 07	D.
2543	Karl	Hallmann	Essen	O.-R.-Sch.Ab.	Classen Bredt	29./10. 07	D.

Chemisches Institut der Universität Berlin.

S.-S. 07							
5575	Eusebio	Echeandia	Irun	G. Ab.	E. Fischer	7./6. 07	
5581	Paul	Blumberg	Pforzheim	G. Ab.	E. Fischer	8./6. 07	
5599	Alfred	Hiosrowski	Warschau	G. Ab.	E. Fischer	8./6. 07	
5565	Mitan	Farkas	Rapina (Kroatien)	R.-G. Ab.	E. Fischer	30./7. 07	
5579	Karl	Thiele	Magdeburg	R.-G. Ab.	E. Fischer	30./7. 07	
5582	Moses	Garfunkel	Lodz	G. Ab.	E. Fischer	30./7. 07	
5587	Rudolf	Krech	Hamburg	G. Ab.	E. Fischer	30./7. 07	
5589	Otto	Hähnel	Berlin	O.-R.-Sch. Ab.	E. Fischer	30./7. 07	
5805	Wilhelm	Glund	Bremen	O.-R.-Sch. Ab.	L. Gattermann E. Fischer	30./7. 07	
W.-S. 07/08							
5593	Hermann	Alders	Magdeburg	G. Ab.	E. Fischer	8./11. 07	
5598	Hans	Goerges	Kiauten	O.-R.-Sch.Ab.	E. Fischer	8./11. 07	
5564	Erich	Flatau	Berlin	R.-G. Ab.	E. Fischer	9./11. 07	

Chemisches Institut der Universität Berlin. Fortsetzung.

Aufgedruckte No. der Zeugniskarte	Vorname	Zuname	Geburtsort	Vorbildung	Examinatoren	Datum der Ausfertigung	Art der Prüfung
W.-S. 07/08							
5573	Max	Steiner	Prag	R.-G. Ab	E. Fischer	9./11. 07	
5326	Lukas	Golatty	London	O.-R.-Sch.	Curtius E. Fischer	20./12. 07	
5395	Paul	Straumer	Chemnitz	G. IIa. Ab.	E. Fischer	20./12. 07	
5577	Erich	Tiede	Berlin	G. Ab.	E. Fischer	20./12. 07	
5588	Wilhelm	Schneider	Hohenstein	R.-G. Ab.	E. Fischer	20./12. 07	
6357	Adolfo	Castaniares	Mexiko	Escuela (Nat.Preparatoria)	E. Fischer	7./1. 08	
5597	Karl	Seib	Offenbach	G. Ab.	E. Fischer	8./1. 08	
5600	Arnold	Hildesheimer	Berlin	G. Ab.	E. Fischer	8./1. 08	
6352	Walter	Lenger	Oranienburg	R.-G. Ab.	E. Fischer	8./1. 08	
5395	Percy	Brigl	Graudenz	G. Ab.	E. Fischer L.Gattermann	6./3. 08	
5567	Johannes	Dahmann	Berlin	O.-R.-Sch.Ab.	E. Fischer	6./3. 08	
5592	Heinrich	Loewen	Magdeburg	G. Ab.	E. Fischer	6./3. 08	
6106	Karl	Freudenberg		G. Ab.	Anschütz E. Fischer	6./3. 08	
6351	Max	Rudolph	Landsberg a. W.	G. Ab.	E. Fischer	6./3. 08	
6353	Harry	Heymann	Charlottenburg	R.-G. Ab.	E. Fischer	6./3. 08	
6355	Alex	Stahlschmidt	Bonn	R -G. Ab.	E. Fischer	6./3. 08	

Physikalisch-chemisches Institut der Universität Berlin.

S.-S. 07							
6050	Bruno	Keetmann	Elberfeld	O.-R.-Sch.	Nernst	3./5. 07	
W.-S. 07/08							
6049	Franz	Halla	Wien	O.-R.-Sch. (Österreich)	Nernst	18./1. 08	
6033	Arthur	Foizik	Kaltwasser	G.	Nernst	28./2. 08	
6047	Martha	Hoffheinz	Berlin	R.-G.	Nernst	3./3. 08	
6048	Else	Hirschberg	Berlin	R.-G.	Nernst	3./3. 08	
6046	Elmire	Thiel	Berlin	O.-R.-Sch.	Nernst	6./3. 08	

Technologisches Institut der Universität Berlin.

S.-S. 07							
4392	Oswald	Berkold	Riga	G. Ab.	Wichelhaus	13./6. 07	
W.-S. 07/08							
5027	Bruno	Schneider	Kamenz (Sachsen)	R.-G. Ab.	Nernst Wichelhaus	30./10. 07	

Anorg. Laboratorium der Königl. Techn. Hochschule zu Berlin.

Aufgedruckte No. der Zeugniskarte	Vorname	Zuname	Geburtsort	Vorbildung	Examinatoren	Datum der Ausfertigung	Art der Prüfung
S.-S. 07							
4437	Egon	Rosenberg	Prag	O.-R.-Sch.	Michaelis Erdmann	24./4. 07	
6126	Bruno	Rewald	Berlin	O.-R.-Sch.		21./6. 07	
6127	Hermann	Blome	Düsseldorf	R.-Sch.		11./7. 07	
6128	Carl	Gatelet	Kneutlingen (Lothringen)	G.		11./7. 07	
6129	Carl	Kurek	Schwien-tochlowitz	G.		11./7. 07	
6130	Willy	Marzahn	Spandau	O.-R.-Sch.		11./7. 07	
6131	Martin	Thiele	Halle a. S.	G.		11./7. 07	
6132	Max Otto	Wurmbach	Erankfurt a. M.	R.-G.		11./7. 07	
6133	Ernst	Froelich	Altfelde b. Marienburg	G.		15./7. 07	
6134	Basil	Kantscheff	Gabrovo (Bulgarien)	G.		15./7. 07	
6135	Nicolaus	Zoneff	Sofia (Bulgarien)	G.		15./7. 07	
6136	Gustav	Jensen	Kristiania	O.-R.-Sch.		15./7. 07	
6137	Con-stantin	Joan	Ploesti (Rumänien)	R.-G.		15./7. 07	
6138	Milan	Zsuffa	Liptoszentmiklós (Ungarn)	G.		15./7. 07	
6139	Eugen	Steinweg	Hörde (Westfal.)	O.-R.-Sch.		16./7. 07	
6140	Heinrich	Horst	Trier	G		16./7. 07	
6141	Heinrich	Brune	Langendreer	O.-R.-Sch.		16./7. 07	
6142	Paul	Hartmann	Ratiborhammer (Schlesien)	G.	Erdmann	16./7. 07	
6143	Wilhelm	Hachmann	Kupferdreh	R.-G.		16./7. 07	
6144	Alfred	Schimmel	Berlin	G.		19./7. 07	
6145	Ernst	Kamp-hausen	Weidenau	R.-G.		19./7. 07	
6146	Heinrich	Kreis	Neunkirchen	O.-R.-Sch.		19./7. 07	
6147	Gustav	Kmet	Gr.-Lassowitz (Schlesien)	G.		19./7. 07	
6148	Dankert	Krohn	Porto (Portugal)	O.-R.-Sch.		19./7. 07	
6149	Oskar	Baumann	Amberg (Bayern)	R.-G.		24./7. 07	
6150	Henia	Schwiff	Bialystok	Mädchen-G.		24./7. 07	
W.-S. 07/08							
6153	Julius	Lindtner	Leibicz (Ungarn)	G.		4./3. 08	
6154	Paul	Szécsi	Budapest	O.-R.-Sch.		4./3. 08	
6155	Hermann	Schulz	Bochum (Westf.)	O.-R.-Sch.		4./3. 08	
6156	Curt	Ehlers	Hamburg	G.		4./3. 08	
6157	Chr. Aug.	Beringer	Charlottenburg	G.		4./3. 08	
6158	Hermann	Gulewitsch	Majorenhof b. Riga	G.		4./3. 08	
6159	Christa	Nicolescu	Ploiesti (Rumänien)	G.		4./3. 08	

Anorg. Laboratorium der Königl. Techn. Hochschule zu Berlin. Fortsetzung.

Aufgedruckte No. der Zeugniskarte	Vorname	Zuname	Geburtsort	Vorbildung	Examinatoren	Datum der Ausfertigung	Art der Prüfung
W.-S. 07/08							
6160	Karol	Turezynski	Warschau	G.	Erdmann	4./3. 08	
6161	Julius	Stoecker	Hörde	O.-R.-Sch.	Erdmann	4./3. 08	
6162	Marcell	Morawski	Warschau	G.	Erdmann	4./3. 08	
6163	Karl	Weymann	Duisburg-Meiderich	R.-Sch.	Erdmann	4./3. 08	
6164	Christian	Memmel	Schweinfurt	Ind.-Sch.	Erdmann	4./3. 08	
6165	Klaus Richard	v. Allwörden	Freiheit b. Osterode i. Harz	R.-G.	Erdmann	17./3. 08	
6166	Romano	Bardelli	Italien	G.	Erdmann	17./3. 08	
6167	Oscar	Kiel	Frenssen	R.-G.	Erdmann	17./3. 08	
6168	Fredrick	Krohg	Kristiania	G.	Erdmann	17./3. 08	
6169	Bruno	Guggiari	Asuncion (Paraguay)	G.	Erdmann	17./3. 08	
6170	Manue	Narassart	Focsany	Modern. G.	Erdmann	17./3. 08	
6171	Hans	Bertram	Aschersleben	G.	Erdmann	18./3. 08	
6762	Jakob	Mitrany	Calarasi (Rumänien)	G.	Erdmann	18./3. 08	
6763	Georg	Protopopescu	Campu Lung (Rumänien)	O.-R.-Sch.	Erdmann	18./3. 08	
6764	Friedrich	Schlegel	Guxhagen (Hess.)	O.-R.-Sch.	Erdmann	18./3. 08	
6765	Bruno	Wäser	Magdeburg	O.-R.-Sch.	Erdmann	18./3. 08	

Elektrotechnisches Laboratorium der Königl. technischen Hochschule zu Berlin-Charlottenburg.

S.-S. 07							
6331	Béla	Kellner	Budapest	H.-G.	v. Knorre	11./6. 07	V.
W.-S. 07/08							
6333	Leopold	Kaatz	Wörlitz	H.-G. Dessau	v. Knorre	4./11. 07	
6334	Rulemann	Bernhardi-Grißon	Berlin	H.-G.	v. Knorre	13./2. 08	
6335	Adrian	Hatlapa	Sielce i. Russisch-Polen b. Sosnowice	O.-R.-Sch. in Kattowitz	v. Knorre	13./3. 08	
6336	Willy	Löwenstein	Berlin	H.-G. Elbing	v. Knorre	15./3. 08	

Organisches Laboratorium der Technischen Hochschule zu Berlin.

S.-S. 07							
1431	Julius	Wolff	Mannheim	Ind.-Sch. Ab.	Liebermann	1./5. 07	V.
4999	Paul	Schulze	Schulzendorf bei Arnswalde	R.-G. Ab.	Liebermann	6./7. 07	V.
6123	Fritz	Nelken	Berlin	O.-R.-Sch. Ab.	Erdmann, Liebermann	13./7. 07	V.

Organisches Laboratorium der Technischen Hochschule zu Berlin. Fortsetzung.

Aufgedruckte No. der Zeugniskarte	Vorname	Zuname	Geburtsort	Vorbildung	Examinatoren	Datum der Ausfertigung	Art der Prüfung
S.-S. 07							
5229	Wilhelm	Paar	Potsdam	G. Ab.	Erdmann Liebermann	13./7. 07	
5239	Henrick	Kellermann	Lubina	O.-R.-Sch.Ab.	Erdmann Liebermann	13./7. 07	
5205	Leon	Jacobsohn	Bukarest	G. Ab.	Erdmann Liebermann	17./7. 07	
1438	Victor	Felmayer	Wien	G. Ab.	Liebermann	18./7. 07	
W.-S. 07/08							V.
4709	Fritz	Koref	Hanau	G. Ab.	Gattermann Liebermann	30./10. 07	
5527	Alfred	Böhme	Dresden	G. Ab.	Erdmann Liebermann	24./1. 08	
3548	Otto	Friedmann	Temesvar	O.-R.-Sch.Ab.	v. Knorre Liebermann	24./1. 08	
1437	Arthur	Putzrath	Berlin	G. Ab.	Liebermann	7./3. 08	

Technisch-Chemisches Laboratorium der Königl. Techn. Hochschule zu Berlin.

S.-S. 07							
5189	Isidor	Geller	Focsani (Rumänien)	G.	Erdmann Witt	10./5. 07	
W.-S. 07/08							
5811	Erwin	Cassirer	Breslau	R.-G.	Gattermann Witt	19./12. 07	
2261	Max	Renker	Düren	O.-R.-Sch.	Witt	19./12. 07	
2262	Eduard	Kopetschni	Mödling b. Wien	O.-R.-Sch.		19./12. 07	

Chemisches Laboratorium der landwirtschaftlichen Hochschule zu Berlin.

S.-S. 07							
5000	Georg	Kananow	Moskau	G. Ab. (Moskau)	Buchner	19./7. 07	

Chemisches Institut der Universität Bonn.

S.-S. 07							
5055	Heinrich	Harff	Bonn	R.-G. IIa		16./5. 07	
5056	Oskar	Knublauch	Cöln a. Rh.	O.-R.-Sch. IIa		16./5. 07	
5576	Paul	Hunger	Cöln a. Rh.	G.		16./5. 07	
6104	Clara	Zymandl	Wien	B. S.		25./7. 07	
4545	Carl	Schuler	Cöln a. Rh.	O.-R.-Sch. IIa		25./7. 07	
W.-S. 07/08					Anschütz		
5059	Karl	Fresenius	Eichelsachsen (Kr. Schotten)	Privatunterricht		23./11. 07	
6102	Alfred	Krüger	Barmen	R.-G.		23./11. 07	
6112	Erich	Reinau	Karlsruhe	R.-G.		26./11. 07	

Chemisches Institut der Universität Bonn. Fortsetzung.

Aufgedruckte No. der Zeugniskarte	Vorname	Zuname	Geburtsort	Vorbildung	Examinatoren	Datum der Ausfertigung	Art der Prüfung
W.-S. 07/08							
5057	Theodor	Wachendorff	Cöln a. Rh.	G.	Anschütz	161./2. 07	
5058	Alexis	v. Volborth	St. Petersburg	G.		16./12. 07	
5060	Walter	Rothmann	Duisburg-Meiderich	G.		16./12. 07	
6103	Emil	Greeff	New-York	G.		16./12. 07	
6111	Ernst	Eversheim	Magdeburg	G. II a		16./12. 07	
5053	Hans	Kesseler	Elberfeld	R.-G.		19./2. 08	
2542	Gustav	Vossen	Aachen	G.		19./2. 08	
6107	Robert	King	St. Petersburg	O.-R.-Sch.		19./2. 08	
6108	Reginald	Platts	London	Ab. der Public-School zu Oundle b. Peterborough		19./2. 08	

Chem. Laboratorium der Techn. Hochschule Braunschweig.

S.-S. 07							
6083	Nicolai	Titlestad	Kristiania	R.-G. Ab.	R. Meyer	16./7. 07	D.
6084	Fritz	Heine	Braunschweig	R.-G. abs. II a		16./7. 07	V.
6085	Albrecht	Skopnik	Gr.-Glogau	R.-G. abs. II a		16./7. 07	V.
6086	Benno	Nöldechen	Braunschweig	G. Einj.		25./7. 07	V.
6087	Adolf	Hädrich	Braunschweig	G. Ab.		29./7. 07	V.
W.-S. 07/08							
6088	Walter	Boës	Broitzem b. Braunschweig	O.-R.-Sch. Einj.		14./10. 07	V.
6089	Klaus	Schlie	Braunschweig	O -R.-Sch.Ab.		23./10. 07	D.
6090	Karl	Schaper	Braunschweig	G. Ab.		23./10. 07	D.
6091	Moses	Mintz	Warschau	Hand -Sch. Ab.		3./4. 08	D.
6092	Rachmil	Glücksberg	Warschau	Hand.-Sch. Ab.		3./4. 08	D.

Pharmazeutisches Institut der Techn. Hochschule Braunschweig.

S.-S. 07							
5634	Karl	Bigge	Hildesheim	Ap. I	Beckurts	30./5. 07	
5635	Kurt	Pape	Malk (Mecklenb.)	Ap. I		11./6. 07	
5636	Carl	Pape	Malk (Mecklenb.)	Ap. I		11./6. 07	
5637	Erich	Manger	Gardelegen	Ap. I		19./7. 07	
5638	Carl	Lohmeyer	Verden	Ap. I		19./7. 07	
5639	Reinhold	Frankenstein	Braunschweig	Ap. I		27./7. 07	

Pharmazeutisches Institut der Techn. Hochschule Braunschweig. Fortsetzung.

Aufgedruckte No. der Zeugniskarte	Vorname	Zuname	Geburtsort	Vorbildung	Examinatoren	Datum der Ausfertigung	Art der Prüfung
W.-S. 07/08							
5840	Bruno	Alm	Lübeck	Ap. I	Beckurts	27./11. 07	
5841	Bernh.	Oschinsky	Jarotschin	Ap. II		6./12. 07	
5842	Max	Chaskel	Georgenberg	Ap. II		6./12. 07	
5843	Erich	Koch	Meiningen	Ap. I		6./12. 07	
5844	Arthur	Gotthilf	Hammerstein	Ap. I		9./12. 07	
5845	Johannes	Schellbach	Leipzig	G. Ab.		11./12. 07	
5846	Ernst	Zietlow	Claptow	Ap. II		3./3. 08	
5847	Friedrich	Meyer	Wrissenberg	Ap. I		3./4. 08	
5848	Bernh.	von Gaza	Koserow	Ap. I		28./4. 08	

Chemisches Institut Breslau.

S.-S. 07							
5019	Gotthold	Friedrich	Breslau	G. Ab.	Ladenburg	7./6. 07	
5020	Karl	Schroeter	Breslau	O.-R.-Sch.Ab.		25./6. 07	
6461	Reinhold	Tschunke	Breslau	R.-G. Ab.		26./6. 07	
6462	E. Robert	Schlesinger	Wien	Höh. St. Gew.-Sch. Ab		5./8. 07	
6463	Franz	Fiedler	Salzbrunn	O.-R.-Sch. IIa		7./8. 07	
W.-S. 07/08							
6464	Erich	Wießner	Gr.-Wilkau b. Nimptsch	G. Ia		26./11. 07	
6465	Paul	Tietz	Peterswaldau (Schlesien)	R.-G. Ab.		18./12. 07	
6466	Wladim.	Bobiloff	Belsk (Rußland)	R.-Sch. Ab.		3./2. 08	
6467	Alfred	Bulla	Breslau	R.-G. Ab.		27./2. 08	
6468	Otto	Stern	Breslau	G. Ab.		6./3. 08	
6469	Karl	Brumme	Breslau	G. Ia		9./3. 08	
6470	Hugo	Kania	Kattowitz	G. Ib		10./3. 08	

Pharmazeutisches Institut Breslau.

S.-S. 07							
780	Georg	Soika	Oppeln	Ap. I	Gadamer	4./5. 07	
5031	Lothar	Weiß	Striegau	Ap. II		4./5. 07	
W.-S. 07/08							
5032	Walther	Thiele	Schweidnitz	Ap. I		2./12. 07	
5033	Johannes	Wronka	Soldau (Ostpr.)	Ap. II		2./12. 07	
5034	Alfred	Krause	Stettin	Ap. II		2./12. 07	

Anorganisches und organisches Laboratorium der technischen Hochschule zu Danzig.

S.-S. 07							
4874	Gerhard	Hoppe	Oliva	R.-G.	Ruff Wohl	16./7. 07	
W.-S. 07/08							
4875	Franz	Koch	Cöthen	G.		12./10. 07	

Chemisch-technisches und elektrochemisches Institut der Technischen Hochschule Darmstadt.

Aufgedruckte No. der Zeugniskarte	Vorname	Zuname	Geburtsort	Vorbildung	Examinatoren	Datum der Ausfertigung	Art der Prüfung
S.-S. 07							
7261	Cay	Roll-Hansen	Christiania	R.-G. Ab.		19./6. 08	
7262	August	Margus	Bingen	R.-Sch.		19./6. 08	
7263	Stanislaus	Mrovec	Swoszowice	Östr. Fachsch.	Dieffenbach Staedel Finger	19./6. 08	D.
7264	Max	Kieninger	Landsberg a. L.	Ind.-Sch. Ab.		19./6. 08	
7265	Minas	Sanvelian	Nachitschevan	Fachschule		19./6. 08	

Chemisches Institut der Technischen Hochschule zu Darmstadt.

S.-S. 07							
4568	Rudolf	Reuter	Seeheim a. d. B.	G. Ab.		4./6. 07	
W.-S. 07/08							
4569	Karl	Stilp	Darmstadt	R.-G. Ab.		4./11. 07	
4570	Wilhelm	Moeser	Darmstadt	Ap.	Staedel	4./3. 08	
6191	Arthur	Vogt	Bonndorf	Pr.-R. O.-R.		4./3. 08	V.
6192	Friedrich	Erfurt	Hirschberg	R.-G. Ab.		4./3. 08	
6193	Karl	Ammann	Tägerwilen	Kant.-Sch. Ab.		4./3. 08	
5179	Hugo	Bosselmann	Darmstadt	G. Ab.	Elbs Staedel	4./3. 08	

Anorganisches Laboratorium und Organisch-chemisches Laboratorium der Technischen Hochschule Dresden.

S.-S. 07							
6060	Richard	Bayer	Elberfeld	G. Ab.		24./4. 07	
6061	Kurt	Eichel	Calbe (Preuß.)	R.-G. Ab.		24./4. 07	
6062	Carl	Engemann	Reichenau (Sa.)	R.-G. Ab.		24./4. 07	
6063	Richard	Schildbach	Dresden	G. Ab.		24./4. 07	
6064	Richard	Friedrich	Plauen i. V.	R.-G. Ab.		25./4. 07	
6065	Hermann	Ehlert	Dresden	R.-G. Ab.		25./4. 07	
6066	Wilhelm	Voigt	Leipzig	R.-G. Ab.		25./4. 07	D.
6067	Bodo	Zschimmer	Dresden	R.-G. Ab.		25./4. 07	
6068	Christian	Christiansen	Christiansand (Norwegen)	R.-G. Ab.	W. Hempel E. v. Meyer	26./4. 07	
6069	Johannes	Otto	Radeberg (Sa.)	G. Ab.		26./4. 07	
6070	Carl	Schubert	Dresden	R.-G. Ab.		26./4. 07	
6058	Max	Flügel	Boden	R.-G. Ab.		12./7. 07	V.
6059	Richard	Wolfrum	Schönprießen (Böhmen)	G. Ab.		12./7. 07	V.
6071	Johannes	Richter	Dresden	Gew.-Ak. (Chemnitz) Ab.		15./7. 07	D.

Anorganisches Laboratorium und Organisch-chemisches Laboratorium der Technischen Hochschule Dresden. Fortsetzung.

Aufgedruckte No. der Zeugniskarte	Vorname	Zuname	Geburtsort	Vorbildung	Examinatoren	Datum der Ausfertigung	Art der Prüfung
S.-S. 07							
6072	Rudolf	Schrecken-bach	Chemnitz (Sa.)	Gew.-Ak. (Chemnitz) Ab.	W. Hempel, E. v. Meyer	15./7. 07	D.
6073	Ernst	Petschek	Teplitz (Böhmen)	G. Ab.	W. Hempel, E. v. Meyer	15./7. 07	D.
W.-S. 07/08							
6074	Karl	Goldberg	Großschöna (Sa.)	Gew.-Ak. (Chemnitz) Ab.	W. Hempel, E. v. Meyer	20./10. 07	D.
6075	Paul	Graner	Csáktornja (Ungarn)	R.-G. Ab.	W. Hempel, E. v. Meyer	20./10. 07	D.
6076	Fritz	Reiner	Szombathely (Ungarn)	R.-G. Ab.	W. Hempel, E. v. Meyer	20./10. 07	D.
6077	Walther	Schauseil	Bautzen	Gew.-Ak. (Chemnitz) Ab.	W. Hempel, E. v. Meyer	20./10. 07	D.
6551	Hermann	Tedesco	Mügeln (Sa.)	G. Ab.	W. Hempel, E. v. Meyer	20./10. 07	D.
6570	Georg	Meißner	Laubegast (Sa.)	G. Ab.	W. Hempel, E. v. Meyer	24./2. 08	V.
5880	Bern-hard	Young	Budapest	R.-G. Ab.	K. Seubert, E. v. Meyer	9./3. 08	V.

Chemisches Laboratorium der Universität Erlangen.

Aufgedruckte No. der Zeugniskarte	Vorname	Zuname	Geburtsort	Vorbildung	Examinatoren	Datum der Ausfertigung	Art der Prüfung
S.-S. 07							
5430	Ernst	Pungs	Rheydt	O.-R.-Sch.	O. Fischer	21./6. 07	
5432	Wilhelm	Pröls	München	Ap. I	O. Fischer	11./3. 08	
5433	Walter	Boesler	Graudenz	Ap. I	O. Fischer	11./3. 08	
5434	Erwin	Bossert	Arth (Schweiz)	Ap. I	O. Fischer	25./7. 07	
W.-S. 07/08							
5435	Adolf	Fritzen	Düsseldorf.	G. Ab.	O. Fischer	6./11. 07	
5436	Karl	Weidner	Euerdorf (Bayern)	R.-G. Ab.	O. Fischer	8./12. 07	
5437	Alfred	Noether	Erlangen	G. Ab.	O. Fischer	12./12. 07	
5438	Heinrich	Gebhardt	Erlangen	Ind.-Sch. Ab.	O. Fischer	20./1. 08	
5440	Hans	Dittmar	Nürnberg	R.-G. Ab.	O. Fischer	3./2. 08	
6741	Fritz	Lindner	Bamberg	Ind.-Sch. Ab.	O. Fischer	6./3. 08	

Pharm.-chem. Institut der Universität Erlangen.

Aufgedruckte No. der Zeugniskarte	Vorname	Zuname	Geburtsort	Vorbildung	Examinatoren	Datum der Ausfertigung	Art der Prüfung
W.-S. 07/08							
3627	Arthur	Dexheimer	Eppstein	Ap. I	C. Paal	8./11. 07	

Chemisches Laboratorium der Universität Freiburg i. B. (mediz. Abt.).

Aufgedruckte No. der Zeugniskarte	Vorname	Zuname	Geburtsort	Vorbildung	Examinatoren	Datum der Ausfertigung	Art der Prüfung
S.-S. 07							
5537	Alfred	Geyer	Stuttgart	G. Ap. (II)	Kiliani	20./7. 07	
W.-S. 07/08							
5538	August	Welsch	Konstanz	G. Ap. (I)	Kiliani	1./2. 08	

Chemisches Laboratorium der Universität Freiburg i. B. (philosoph. Abt.).

Aufgedruckte No. der Zeugniskarte	Vorname	Zuname	Geburtsort	Vorbildung	Examinatoren	Datum der Ausfertigung	Art der Prüfung
S,-S. 07							
4778	Otto	Gaupp	Schorndorf	R.-G. Ab.	Wislicenus Gattermann	6./5. 07	
4703	Jacob	Wittmann	Grünstadt	G. Ab.	Gattermann	10./5. 07	
5400	Hedwig	Fraenkel	Berlin	R.-G. Ab.	Gattermann	10./5. 07	
5383	Bernhard	Reinhold	Hamburg	O.-R.-Sch.Ab.	Gattermann	19/7. 07	
5804	Walter	Koch	Magdeburg	R.-G. Ab.	Gattermann	1./8. 07	
W.-S. 07/08							
5819	James	Mc. Kee	Lurgan	B. A.	Gattermann	13./11. 07	
5813	Emil	Wolff	Mannheim	G. Ab.	Gattermann	26./11. 07	
5398	Albert	Ellmer	Cannes	G. Ab.	Gattermann	2./12. 07	
5806	Johann	Perl	Mosocz	O.-R.-Sch. Ab.	Gattermann	20./12. 07	
5816	Werner	Koch	Freiburg	G. Ab.	Gattermann	9./1. 08	
5809	Hermann	Stötter	Augsburg	R.-G. Ab.	Gattermann	3./2. 08	
6109	Richard	Heyder	Düren	R.-G. Ab.	Anschütz Gattermann	12./2. 08	
5808	Joseph	Glück	Nürnberg	G. Ab.	Gattermann	25./2. 08	
6533	Adolf	Jung	Konstanz.	G. Ab.	Gattermann	25./2. 08	

Chemisches Universitätslaboratorium Gießen.

Aufgedruckte No. der Zeugniskarte	Vorname	Zuname	Geburtsort	Vorbildung	Examinatoren	Datum der Ausfertigung	Art der Prüfung
S.-S. 07							
5487	Georg	Struth	Lauterbach	O.-R.-Sch.	Alex. Naumann	17./5. 07	
5488	Adolf	Michel	Offenbach a. M.	O.-R.-Sch.	Alex. Naumann	27./6. 07	
5489	Osser Hirsch	Reitler	Libau	G.	Alex. Naumann	24./7. 07	
5490	Schoel	Strum	Koseletz	G.	Alex. Naumann	24./7. 07	
6256	Adam	Schier	Bad Nauheim	G.	Alex. Naumann	25./7. 07	
6257	Hans	König	Nürnberg	Ind.-Sch.	Alex. Naumann	25./7. 07	
W.-S. 07/08							
6258	Adolf	Ruppel	Butzbach	R.-G.	Alex. Naumann	28./10. 07	
6259	Georg	Ueberle	Mainz	R.-G.	Alex. Naumann	13./1. 08	
6260	Heinrich	Müller	Eberstadt	O.-R.-Sch.	Alex. Naumann	13./1. 08	
6261	Wilhelm	Jüdicke	Mainz	R.-G.	Alex. Naumann	30./1. 08	
6262	Hermann	Stöhr	Offenbach a. M.	O.-R.-Sch.	Alex. Naumann	30./1. 08	
6263	Marie	Winograd-Finkel	Jekaterinoslaw	G.	Alex. Naumann	13./3. 08	

Physikalisch-chemisches Laboratorium der Universität Gießen.

Aufgedruckte No. der Zeugniskarte	Vorname	Zuname	Geburtsort	Vorbildung	Examinatoren	Datum der Ausfertigung	Art der Prüfung
W.-S. 07/08							
6012	John Edwin	Ramsbottom	Shuttleworth b. Manchester	M. S.	Elbs	18./1. 08	
5177	Friedr.	Dannemann	Barmen	R.-G. Ab.	Elbs	23./1. 08	
6005	Hans	Bärwinkel	Sondershausen	G. Ab.	Elbs	27./2. 08	
5180	Hans	Wülfing	Barmen	G. Ab.	Elbs	28./2. 08	
6011	Christian	Arnold	Adorf i. W.	G. Ia	Elbs	29./2. 08	

Allgemeines Chemisches Universitäts-Laboratorium Göttingen.

Aufgedruckte No. der Zeugniskarte	Vorname	Zuname	Geburtsort	Vorbildung	Examinatoren	Datum der Ausfertigung	Art der Prüfung
S.-S. 07							
5997	Richard	Heyer	Riga	G. Ab.	Wallach	16./5. 07	
5135	Friedr.	Medicus	Würzburg	R.-G. Ab.	Tafel Wallach	24./6. 07	
5998	Georg	Masing	Petersburg	G. Ab.	Wallach	24./6. 07	
5999	Erich	Löwenstein	Einbeck	R.-G. Ab.	Wallach	24./6. 07	
6000	Walter	Runge	Brookly	B. Sc.	Wallach	24./6. 07	
6002	Erich	Merkel	Göttingen	G. Ab.	Wallach	10./8. 07	
W.-S. 07/08							
6003	Nicolaus	Baar	Simferopol	G. Ab.	Wallach	10./2. 08	
6004	David	Thomson	Cumnock	B. Sc. M. A.	Wallach	10./2. 08	
6006	Rudolf	Schmidt	Gießen	G. Ab.	Wallach	30./4. 08	
6007	Enno	Takens	Weener	G. Ab.	Wallach	30./4. 08	

Agrikultur-chemisches Laboratorium der Universität Göttingen.

Aufgedruckte No. der Zeugniskarte	Vorname	Zuname	Geburtsort	Vorbildung	Examinatoren	Datum der Ausfertigung	Art der Prüfung
S.-S. 07							
5931	Gerard	van Rossen Hoogendijk	Amsterdam (Holland)	Bijksl. bouwschool in Wageningen (Holland)	B. Tollens	7./5. 07	
1600	Louis	Wiechers	Voorburg (Holland)	Bijksl. bouwschool in Wageningen (Holland)	B. Tollens	25./6. 07	
W.-S. 07/08							
5932	Hans	von Caron	Rauenthal bei Schwelm	G.	B. Tollens	16./12. 07	
5935	James Harvey	Pettit	La Grange (N.-Y.) Ver. St. Amerika	Cornell University Ithaka (N.-Y.)	B. Tollens	23./1. 08	

Chemisches Institut der Universität Greifswald.

Aufgedruckte No. der Zeugniskarte	Vorname	Zuname	Geburtsort	Vorbildung	Examinatoren	Datum der Ausfertigung	Art der Prüfung
S.-S. 07							
4835	Johann	Nawrot	Schrimm	G. abs. U. I	K. Auwers	10./5. 07	
4839	Otto	Unverdorben	Dahme	G.		19./7. 07	
4837	Michael	Schurigin	Wisimoschaitansk	Ruß. Bergsch.		9./8. 07	
W.-S. 07/08							
4838	Andreas	Müller	Breitenworbis	Priv.-Unt.		25./11. 07	
4844	Walter	Knothe	Cottbus	G.		3./2. 08	
4843	Heinrich	Voss	Sanitz	Landw. Sch.		13./3. 08	

Chemisches Institut der Universität Halle a. S.

Aufgedruckte No. der Zeugniskarte	Vorname	Zuname	Geburtsort	Vorbildung	Examinatoren	Datum der Ausfertigung	Art der Prüfung
S.-S. 07							
5502	Kurt	Reichardt	Bitterfeld	O.-R.-Sch. abs.	Volhard	29./4. 07	
5503	Richard	Reinicke	Köthen	O.-R.-Sch. abs.		17./6. 07	
5504	Leo	Rosenthal	Halle a. S.	O.-R.-Sch. abs.		11./7. 07	
5505	Emil	Tuckum	Riga	G. abs.		30./7. 07	
5506	Joseph Aron	Stamer	Tagantscha (Rußl.)			2./8. 07	
5507	Kalman	Blank	Simferopol (Rußl.)	G. abs.		2./8. 07	
W.-S. 07/08							
5508	Jacob	Liebmann	Riga	R.-Sch. abs.		24./10. 07	
5509	Charl D.	v. d. Merwe	Wellington (Kapl.)	B. A.		11./11. 07	
5510	Franz	Janecke	Bromberg	G. abs.		11./11. 07	
6641	Werner	Frincke	Magdeburg	R.-G. abs.		7./1. 08	

Technische Hochschule Hannover. Laboratorium für anorganische Chemie.

Aufgedruckte No. der Zeugniskarte	Vorname	Zuname	Geburtsort	Vorbildung	Examinatoren	Datum der Ausfertigung	Art der Prüfung
S.-S. 07							
5877	Eberhard	Kayser	Saalfeld i. Thür.	R.-G.	Seubert, Behrend	10./5. 07	D.
5876	Heinrich	Roelle	Hannover	O.-R.-Sch.		12./7. 07	V.
3610	Oskar	Friederici	London	G. Ib		12./7. 07	V.
W.-S. 07/08							
5879	Alexand.	Ruthing	Riga (Rußl.)	R.-Sch. (mit Ergänzungsklasse)		20./12. 07	V.

Universitäts-Laboratorium Heidelberg.

Aufgedruckte No. der Zeugniskarte	Vorname	Zuname	Geburtsort	Vorbildung	Examinatoren	Datum der Ausfertigung	Art der Prüfung
S.-S. 05							
4135	Fritz	Sommer	Berlin	R.-G.		2./8. 05	
S.-S. 07							
5318	Rudolf	Steinle	Burg (Sachsen)	R.-G.		3./5. 07	
5331	Chuno	Spiro	Warschau	Russ. R.-Sch.		10./6. 07	
5322	Friedrich	Raspe	Berlin	R.-G.	Curtius	13./6. 07	
5320	Konrad	Keller	Schwetzingen	R.-G.		15./7. 07	
4486	Heinrich	Oltrogge	Beckedorf	R.-G. abs. IIa		18./7. 07	
5323	Otto	Wulff	Hamburg	R.-G.		24./7. 07	
5324	Hubert	Lucking	Barnet (Engl.)	London Univ.		24./7. 07	
5792	Casimir	Fajans	Warschau	Immatr. Russ. R.-Sch.	Ostwald Curtius	24./7. 07	
W.-S. 07/08							
5329	Otto	Hofmann	Mannheim	G.		2./12. 07	
5338	Herbert	Hodgson	Bradford	B. Sc. u. B. A.		13./12. 07	
5335	Otto	Eberstadt	Frankfurt a. M.	G.		19./12. 07	
5330	Fritz	Sander	Stade	G.	Curtius	19./12. 07	
2535	Daniel	Sakom	Ponevy (Rußl.)	Russ. R.-Sch.		12./2. 08	
5327	Robert	Krause	New-York	R.-G.		27./2. 08	

Laboratorium des Prof. F. Krafft in Heidelberg.

Aufgedruckte No. der Zeugniskarte	Vorname	Zuname	Geburtsort	Vorbildung	Examinatoren	Datum der Ausfertigung	Art der Prüfung
S.-S. 07							
4806	Rudolf	Wegerhoff	Dortmund	R.-G. Ab.		17./5. 07	
6171	Otto	Michael	Halle	O.-R.-Sch. Ib		17./6. 07	
4805	Max	Hannen	Krefeld	O.-R.-Sch. IIb		26./6. 07	
4808	Walther	Eckenberg	Hannover	O.-R.-Sch. Ab.	Krafft	1./7. 07	
6172	Hermann	Winter	Heddesheim	R.-G. Ab.		3./7. 07	
4804	Theodor	Frantz	Mannheim	R.-G. Ab.		5./7. 07	
4798	Friedrich	Noll	Mannheim	O.-R.-Sch. Ab.		5./7. 07	
4809	Heinrich	Wagner	Eilenburg	R.-G. IIa		22./7. 07	

Universitäts-Laboratorium Jena.

Aufgedruckte No. der Zeugniskarte	Vorname	Zuname	Geburtsort	Vorbildung	Examinatoren	Datum der Ausfertigung	Art der Prüfung
S.-S. 07							
5459	Kurt	Grau	Orlamünde	Ap. I		12./6. 07	
5996	Franz	Staubach	Schlierbach	O.-R.-Sch.		21./6. 07	
5460	Walter	Heintz	Stützerbach	Ap. I.		30./7. 07	
5461	Fritz	Böttger	Dessau	G.		2./8. 07	
5462	Emil	Blöhbaum	Ballerstedt	G.		3./8. 07	
W.-S. 07/08							
5463	Rudolf	Kötschau	Jena	G.	Knorr	21./12. 07	
5464	Friedrich	Kolasius	Freienwalde	G.		21./12. 07	
5466	Heinrich	Sander	Quakenbrück	Ap. I		13./1. 08	
5465	Hermann	Serger	Pretzsch	Ap. I		17./1. 08	
5944	Hans	Gläsel	Leipzig	G.		27./2. 08	
5467	Victor	Zahn	Groß-Osterhausen	G.		5./3. 08	

Chemisches Laboratorium der Technischen Hochschule zu Karlsruhe.

Aufgedruckte No. der Zeugniskarte	Vorname	Zuname	Geburtsort	Vorbildung	Examinatoren	Datum der Ausfertigung	Art der Prüfung
W.-S. 03/04							
6309	James	König	Wiesbaden	O.-R.-Sch. abs.		12./3. 04	
S.-S. 05							
6305	Paul	Viehmeyer	Köln a. Rh.	Mittl. Sch. 6. Kl. Einj		8./5. 05	
W.-S. 06/07							
6304	Gustav	Rodewald	Aschersleben	G. abs.		18./10. 06	
6328	Robert	Osse	Astrachan	Russ. R.-Sch. abs.		18./12. 06	
6330	Arend	v. Pahlen	Wait, Estl.	Russ. R -Sch. 7. Kl.		29./1. 07	
6327	Hans	Jakob	Heidelberg	O.-R.-Sch. abs.		29./1. 07	D.
6325	Wilhelm	Frommel	München	R.-Sch. abs.		26./2. 07	
6321	Ernst	Elgerus	Ecker (Schwed.)	R.-Sch. Orebro 6. Kl.		6./3. 07	
S.-S. 07							
6329	Niels	Hviid	Riga	Annensch Petersb.		13./5. 07	
6324	Johann	Grünberg	Grünhof	R. R.-Sch. abs.		3./6. 07	
6323	Marian	v. Holtorf	Warschau	Russ. G. 8. Kl.		24./6. 07	
6322	Heinrich	v. Osso-wetzky	Moskau	Kadett.-Sch Petersb.	Engler	24./6. 07	
6306	Wilfred	Schmandt	Worms	G. abs.		22./7. 07	V.
6307	Robert	Kuoch	Olten	R.-G. abs.		25./7. 07	V.
6308	Emil	Beisenherz	Dortmund	Baugew.-Sch. Nienburg a. H.		29/7. 07	D. V.
W.-S. 07/08							
6310	Willy	Meyer	Kassel	R.-G. bis IIa		11./11. 07	
6312	Willy	Frey	Eppingen	Ind.-Sch. Münch. abs		18./12. 07	
6313	Harry	Erhardt	Riga	Kron. R.-Sch. abs.		18./1. 08	
6314	Panajot	Angeloff	Warna	R.-G. abs.		7./4. 08	
6315	Wilhelm	Hollwech	Fredrekstad	R.-G abs.		7./4. 08	
6316	Eduard	Maurer	Königstein	Ind.-Sch. abs.		7./4. 08	
6317	Wilhelm	Becker	Prag	Staats-O.-R.-Sch. abs.		7./4. 08	D.
6319	Friedrich	Martin	Zweibrücken	Ind.-Sch. abs.		7./4. 08	
6320	Rudolf	Siebert	Jeletz	R.-Sch. abs.		7./4. 08	
6326	Hubert	Hempel	Breslau	G. abs.		7./4. 08	
6401	Ernst	Grunewald	Bielitz	Staats - Gew.-Sch. abs.		7./4. 08	
6402	Alexand.	Ardan	Bukarest	Lyceum abs.		7./4. 08	

Chemisches Laboratorium der Technischen Hochschule zu Karlsruhe. Fortsetzung.

Aufgedruckte No. der Zeugniskarte	Vorname	Zuname	Geburtsort	Vorbildung	Examinatoren	Datum der Ausfertigung	Art der Prüfung
W.-S. 07/08							
6403	Hermann	Gammay	Neustadt a. H.	Ind.-Sch. abs.	Engler	7./4. 09	D.
6404	Alex.	Hullard	Saargemünd	R.-Sch. abs.	Engler	7./4. 08	D.
6405	Sigism.	Klonowsky	Britschani	R.-Sch. abs.	Engler	7/4. 08	D.
6406	Erwin	Kruse	Hamburg	O.-R.-Sch. 6 Kl.	Engler	7./4. 08	D.
6407	Tadeus	Liban	Krakau	R.-Sch. abs.	Engler	7./4. 08	D.
6408	Otto	Ripke	Mitau	G. abs.	Engler	7./4. 08	D.
6409	Josef	Sarch	Welisch	G. abs.	Engler	7./4. 08	D.
6410	Simon	Pariser	Poltawa	G. abs.	Engler	7./4. 08	D.
6411	Otto	Werkmeister	Sangerhausen	R.-G. abs.	Engler	7/4. 08	D.
6412	Kurt	Lindner	Leipzig	G. abs	Engler	7./4. 08	D.
6913	Oskar	Thiele	Hamburg	R-Sch. abs.	Engler	7./4. 08	D.

Universitäts-Laboratorium Kiel.

S.-S. 07							
4862	Ernst	Alefeld	Darmstadt	G.	Harries	30./4. 07	
4865	Carl	Haeffner	Hamburg	R.-G.	Harries	19./7. 07	
5992	Otto	Behrens	Magdeburg	R.-G.	Wallach, Harries	6./8. 07	
5838	Erich	Sattler	Blankenburg i. Th.	G. abs. IIa (Apotheker)	Michaelis, Harries	7./8. 07	
W.-S. 07/08							
4869	Theodor	Kosegarten	Schoenhagen (Eckernförde)	G.	Harries	28./10. 07	
6217	Robert	Stanford	Dudley (England)	B. S. M. S. King Edw. School (Birmingham)	Harries	16./12. 02	
4867	Felix	Hoffmann	Berlin	G.	Harries	17./1. 08	

Agrikultur-chemisches Institut Königsberg.

S.-S. 07							
3431	Ernst	Merres	Berlin	G.	Stutzer	31./7. 07	
W.-S. 07/08							
3430	Hans	Vageler	Mäken (Ostpr.)	G.	Stutzer	9./1. 08	

Chemisches Laboratorium der Universität Leipzig.

S.-S. 07							
5772	Fritz	Staiger	Greiz	Gew.-Akad. (Chemnitz)	Hantzsch	17./4. 07	
5773	Max	Ulrich	Magdeburg	G. Ab.	Hantzsch	23./4. 07	
5774	Theodor	Seeberg	Tukum (Rußl.)	Russ. R-Sch. Ab.	Hantzsch	25./4. 07	

Chemisches Laboratorium der Universität Leipzig. Fortsetzung.

Aufgedruckte No. der Zeugniskarte	Vorname	Zuname	Geburtsort	Vorbildung	Examinatoren	Datum der Ausfertigung	Art der Prüfung
S.-S. 07							
5775	Paul	Dietze	Waltershausen (Thüringen)	O.-R.-Sch. abs. I b		30./4. 07	
5776	Curt	Braunsdorf	Leipzig	R.-G. Ab.	Hantzsch	17./5. 07	
5778	Curt	Ambronn	Hildburghausen	R.-G. Ab.		11./6. 07	
5779	Hermann	Reichel	Grimma i. Sa.	Gew.-Akad. (Chemnitz)		19./6. 07	
4841	Paul	Krebs	Rappoltsweiler i. Elsaß	G. Ab.	Auwers Hantzsch	23./7. 07	
5780	Georg	Posnjak	Mohilew (Rußl.)	G. Ab. (Russ.)	Hantzsch	25./7. 07	
5781	Christian	Hansen	Flensburg	G. Ab.		29./7. 07	
6211	Joseph	Schnitzler	Neuß a. Rh.	Einj.	Harries Hantzsch	30./7. 07	
W.-S. 07/08							
5782	Hans	Grimm	Hamburg	Einj.		8./10. 07	
5783	Hermann	Röhler	Leipzig	R.-G. Ab.		21./10. 07	
5784	Robert	Robison	Newark (England)	B. S.		23./10. 07	
5785	Isidore	Heilbron	Glasgow	A. I. C.*)	Hantzsch	28./10. 07	
5786	Joseph	Lister	Broughton (England)	B. S.		29./10. 07	
5787	Gustav	Krönlein	Leipzig	G. Ab.		15./11. 07	
5788	Otto	Leuchs	Nürnberg	R.-G. Ab.		18./12. 07	
5789	Johannes	Winkler	Dresden	R.-G. Ab.		22./12. 07	
5807	Erich	Ebert	Zwickau i. Sa.	G. Ab.	Gattermann Hantzsch	15./1. 08	
5790	Kurt	Hartung	Schandau	G. Ab.		21./1. 08	
6681	Wilhelm	Döhle	Leipzig	R.-G. Ab.		28./1. 08	
6682	Robert	Nowak	Littitz (Böhmen)	G. Ab.	Hantzsch	28./1. 08	
6683	Mario	Wagner	Oporto	R.-G. Ab.		29./1. 08	
6684	Hermann	Butter	Saatz i. B.	Einj.		6./2. 08	
6001	Kurt	v. Engelhardt	Reval	G. Ab.	Wallach Hantzsch	20./2. 08	
6685	Eugen	Bujatti	Wien	G. Ab.	Hantzsch	26./2. 08	
6686	Kurt	Biltz	Crimmitschau	Einj.		28./2. 08	

Physik.-chem. Institut der Universität Leipzig.

S.-S. 07							
5795	Richard	Kassel	Wien	G. Wien		17./5. 07	
5797	Johann	v. Schroeder	Riga	Russ. G. 8. Kl. abs.		3./7. 07	
5169	Felix	v. Glehn	Reval	Russ. R.-Sch. 8. Kl. abs.	Le Blanc	3./7. 07	
5796	Nikolaus	v. Bunge	Kiew	Russ. G. 8. Kl. abs.		5./8. 07	

*) Associate of Institute of Chemistry London.

Laboratorium für angewandte Chemie der Universität Leipzig.

Aufgedruckte No. der Zeugniskarte	Vorname	Zuname	Geburtsort	Vorbildung	Examinatoren	Datum der Ausfertigung	Art der Prüfung
S.-S. 07							
5119	Adolf	Loesche	Magdeburg	O.-R.-Sch. IIa	Prof. Dr. E. Beckmann	23./4. 07	
5515	Emanuel	Plaschke	Buchfart b. Weimar	R.-G. Ab.		25./4. 07	
5114	Ulrich	Walsleben	Wilhemshagen b. Prenzlau	G. Ib		29./4. 07	
5761	Alfons	Forster	Zell (Oberösterr.)	G. IIa		8./5. 07	
5528	Erwin	Siegfried	Saarburg (Lothr.)	G. Ab.		19./6. 07	
5948	Albin	Hermsdorf	Nößwitz b. Rochlitz	Gew.-Akad. Chemnitz Ab.		2./7. 07	
5851	Max	Niescher	Chemnitz	Gew.-Akad. Chemnitz Ab.		4./7. 07	
5943	Arno	Reichardt	Dresden	R.-G. IIa Ap. I		8./7. 07	
5947	Walter	Ostwald	Riga (Sächs. Staatsangeh.)	R.-G. Ab.		18./7. 07	
5942	Curt	Böttcher	Angelroda	Einj. Ap. I		25./7. 07	
5945	Julius	Baumann	Moskau	Ab. des St. Petersburger X.G.		31./7. 07	
5941	Johannes	Mendel	Markranstädt b. Leipzig	G. Ab.		2./8. 07	
W.-S. 07/08							
5529	Karl	Cappel	Rummelsbach (Rheinpfalz)	O.-R.-Sch. IIa		30./10. 07	
5946	Arno	Klemm	Markneukirchen	R.-G. Ab.		9./11. 07	
5949	Walter	Tischner	Leipzig	R.-G. Ab.		15./11. 07	
5954	Edmund	Weidner	Nakel, Netze	G IIa Ap. I		10./12. 07	
5526	Friedrich	Frantz	Gifhorn (Prov. Hannover)	R.-G. Ab.		10./12. 07	
5950	Paul	Lungwitz	Seelitz b. Rochlitz	R.-G. Ab.		21./1. 08	
5951	Rudolf	Moll	Arolsen	G. Ab.		13./2. 08	
4840	Rudolf	Schopper	Leipzig	R.-Sch Ab.		26./2. 08	
5956	Friedrich	Jaeger	Bergen (Prov. Hannover)	R.-G. IIa		5./3. 08	
6687	Walter	Weber	Chemnitz	Gew.-Akad. Chemnitz Ab.		5./3. 08	

Chem. Laboratorium des physiologischen Instituts der Universität Leipzig.

S.-S. 07							
5614	Kurt	Haring	Leipzig	R.-G.	M. Siegfried	6./4. 07	V.
5615	Heinrich	Schmitz	Elberfeld	O.-R.-Sch.		3./7. 07	

Chem. Laboratorium des physiologischen Instituts der Universität Leipzig.

Fortsetzung.

Aufgedruckte No. der Zeugniskarte	Vorname	Zuname	Geburtsort	Vorbildung	Examinatoren	Datum der Ausfertigung	Art der Prüfung
W.-S. 07/08							
5616	Georg	Steger	Leipzig	G. IIa	M. Siegfried	19./10. 07	V.
5617	Curt	Behmer	Berlin	Einj.	M. Siegfried	19./10. 07	V.
5618	Arthur	Mallin	Hamersleben	R.-G. IIb	M. Siegfried	14./11. 07	V.
3356	Max	Jewnin	Grodnow (Russl.)	G. Russ. ab.	H. Klinger M. Siegfried	21./11. 07	V.
5619	Otto	Weidenhaupt	Horst	G. Ib	M. Siegfried	22./11. 07	V.
5620	Georg	Przeworsky	Dzialoszye (Rußland)	Russ. R.-Sch. abs.	M. Siegfried	28./2. 08	V.
5623	Hans	Trunkel	Leipzig	R.-G.	M. Siegfried	15./2. 08	V.
5624	Suren	Ter Wartanian	Erivan	Armen. höh. Schule	M. Siegfried	15./2. 08	V.

Chemisches Institut der Universität Marburg.

Aufgedruckte No. der Zeugniskarte	Vorname	Zuname	Geburtsort	Vorbildung	Examinatoren	Datum der Ausfertigung	Art der Prüfung
S.-S. 07							
4807	Karl	Teichmann	Frankfurt a. M.	G. Ab.	Zincke	7./6. 07	
5691	Alexand.	Hasselbach	Mühlenhof	G. Ab.	Zincke	3./5. 07	
5692	Karl	Schaeling	Duisburg	R-G. Ab.	Zincke	27./6. 07	
5693	Max	Volmer	Hilden	O.-R.-Sch.Ab.	Zincke	27./6. 07	
5694	Heinrich	Bart	Dürkheim	R-G. IIb	Zincke	31./7. 07	
5695	Walter	Volk	Ohligs	O.-R.-Sch.Ab.	Zincke	31./7. 07	
5696	Wilhelm	Steinhaus	Barmen	G. Ab.	Zincke	2./8. 07	
5697	Johannes	Kempf	Frankfurt a. M.	O.-R.-Sch.Ab.	Zincke	2./8. 07	
5698	Wilhelm	Winkelhausen	Pr. Stargard	G. Ab.	Zincke	17./9. 07	
W.-S. 07/08							
5699	Paul	Hirsch	Wiesbaden	O.-R.-Sch.Ab.	Zincke	3./12. 07	
6722	Felix	Lampert	Langenlonsheim	G. IIb	Zincke	22./2. 08	
6723	Martin	Strube	Zittau	G. IIa	Zincke	2./3. 08	
6724	Otto	Krüger	Barmen	O.-R.-Sch.Ab.	Zincke	2./3. 08	
6725	Hans	Werr	Cassel	O.-R.-Sch.Ab.	Zincke	4./3. 08	
6726	Wolfram	Vogt	Kiel	G. Ab.	Zincke	21./3. 08	

Pharmazeut.-chem. Institut der Universität Marburg.

Aufgedruckte No. der Zeugniskarte	Vorname	Zuname	Geburtsort	Vorbildung	Examinatoren	Datum der Ausfertigung	Art der Prüfung
S.-S. 07							
5609	Hermann	Burmeister	Boizenburg	Ap. I	E. Schmidt	25./6. 07	
5610	Erich	Kuliga	Weißenfels	Ap. I	E. Schmidt	26./7. 07	
6451	Richard	Loose	Stolp	G. Ab.	E. Schmidt	26./7. 07	
6452	Gustav	Bümming	Idar	G. Ab.	E. Schmidt	30./7. 07	

Chemisches Laboratorium des Staates in München.

Aufgedruckte No. der Zeugniskarte	Vorname	Zuname	Geburtsort	Vorbildung	Examinatoren	Datum der Ausfertigung	Art der Prüfung
S.-S. 07							
4085	Walter	Hartmann	Zwickau	G.		14./5. 07	
4086	Heinrich	Wagner	Hof	Ap.		14./5. 07	
4087	Walter	Gerhardt	Bonn	R.-G.		16./5. 07	
4088	Wilhelm	Pfaffendorf	Hannover	O.-R.-Sch.		17./5. 07	
4090	Martin	Reinbeck	Torgau	G.	v. Baeyer	4./6. 07	
4091	Eugen	Quitmann	Berlin	R.-G.		7./6. 07	
4092	Karl	Buchner	München	G.		10./7. 07	
4094	Gustav	Fester	Frankfurt a. M.	G.		16./7. 07	
4095	Hermann	Hager	Lennep	G.		16./7. 07	
5590	Berthold	Kerkovius	Saadsen b. Riga	G.	E. Fischer v. Baeyer	29./7. 07	
W.-S. 07/08							
4097	Walter	Franck	Hamburg	O.-R.-Sch.		25./10. 07	
4098	Max	Bergmann	Fürth	G.		28./10. 07	
4099	Guilleaume	de Montmollin	Neuf. Châtel	G.		8./11. 07	
4100	Ludwig	Fresenius	Wiesbaden	G.		20./11. 07	
6591	Julius	Renning	Nürnberg	R.-G.	v. Baeyer	2./12. 07	
6592	Emilie	Zumbusch	München	G.		17./12. 07	
6593	Leopold	Mair	München	G.		14./1. 08	
6594	Gerhard	Mosebach	Zwickau	R.-G.		4./2. 08	
6595	Emil	Beniers	Sevelen	G.		28./2. 08	
6596	August	Waldmann	München	Ap.		10./3. 08	
6597	August	Grave	Herdecke i. Westf.	R.-G.	Michaelis v. Baeyer	11./3. 08	

Laboratorium für angewandte Chemie an der Kgl. Universität in München.

S.-S. 07							
5704	Paul	Borinski	Königshütte	Ap. I		27./6. 07	
5705	Eduard	Scheller	Berlin	Ap. I	Th. Paul	27./6. 07	
W.-S. 07/08							
5703	Karl	Höhn	Ulm a. Donau	R.-G.		24./10. 07	
5933	Roman	Dmochowski	Sarnow (Rußl.)	G.	Tollens Th. Paul	13./3. 08	

Anorganisch-chemisches Laboratorium der Technischen Hochschule München.

W.-S. 06/07							
4727	Leo	Ettinger	Lemberg	G.	Muthmann	15./1. 07	
4728	Max	Schwabacher	Frankfurt a. M.	R.-G.		15./1. 07	

Anorganisch-chemisches Laboratorium der Technischen Hochschule München.

Fortsetzung.

Aufgedruckte No. der Zeugniskarte	Vorname	Zuname	Geburtsort	Vorbildung	Examinatoren	Datum der Ausfertigung	Art der Prüfung
W.-S. 06/07							
4729	Herm.	Haakh	Bernkastel	R.-G.	Muthmann	17./1. 07	
S.-S. 07							
4730	Wilh.	Greb	Frankfurt a. M.	G.	Muthmann	20./7. 07	
4731	Fritz	Achenbach	Frankfurt a. M.	R.-G.	Muthmann	20./7. 07	
4732	Paul	Neunhöfer	Heidenheim	R.-G.	Muthmann	30./7. 07	
W.-S. 07/08							
4733	Aug.	Lesmüller	München	Ind.-Sch.	Muthmann	12./11. 07	

Chemisch-technisches Laboratorium der Kgl. Technischen Hochschule München.

S.-S. 07							
5260	Erik	v. Riedel-Riedenstein	Prag	G.	Schultz	14./6. 07	
5261	Richard	André	Hirschhorn a. N.	G.	Schultz	14./6. 07	
5262	Max	Klinger	Nürnberg	R.-G.	Schultz	14./6. 07	
5267	Erwin	Hartogh	Hamburg	O.-R.-Sch.	Schultz	21./6. 07	
5263	Kurt	Obermaier	Lamprecht (Rh.-Pf.)	G.	Muthmann, Schultz	27./7. 07	
W.-S. 07/08							
5264	Max	Rothschild	Hörstein (U.-Franken)	Ind.-Sch.	Muthmann, Schultz	19./12. 07	
5265	Hans	Remmler	Kleinsaul (Schlesien)	R.-G.	Schultz	20./12. 07	
5266	Hans	Riffarth	München	R.-G.	Schultz	24./2. 08	

Chemisches Institut der Universität Münster i. W.

S.-S. 07							
4314	Hermann	Koelsch	Zweibrücken	G.	Salkowski	18./5. 07	

Chemisches Universitäts-Laboratorium Rostock.

S.-S. 07							
5143	Stanisls.	Mrozkowsky	Posen	G. I a	Michaelis	1./5. 07	
3606	Hermann	Wagner	Hannover	O.-R.-Sch. I a	Seubert, Michaelis	16./5. 07	
5828	Richard	Erdmann	Güstrow	R.-G. II a Ap. I	Michaelis	27./5. 07	

Chemisches Universitäts-Laboratorium Rostock. Fortsetzung.

Aufgedruckte No. der Zeugniskarte	Vorname	Zuname	Geburtsort	Vorbildung	Examinatoren	Datum der Ausfertigung	Art der Prüfung
S.-S. 07							
5829	Wilhelm	Kieser	Eisenach	G. Ib	Michaelis	31./5. 07	
5830	Konrad	Schenk	Jauer	G Ab.	Michaelis	19./6. 07	
5833	Alfred	Stiegler	Hagenow	G. IIa Ap.	Michaelis	20./6. 07	
5835	Gustav	Schneider	Mannheim	O.-R.-Sch. Ia	Michaelis	16./7. 07	
5836	Friedrich	Sibbern-Sibbers		R.-G. IIa Ap. I	Michaelis	21./7. 07	
5837	Bernh.	Lutze	Gumbinnen	R.-G. IIa Ap. I	Michaelis	25./7. 07	
5838	Eduard	Nissen	Steinhort	G. IIa Ap.	Michaelis	29./7. 07	
1895	Wilhelm	Schwake	Hannover	R.-G. IIa	Muthmann, Michaelis	31./7. 07	
W.-S. 07/08							
5158	August	Lachwitz	Altenau	R.-G. IIa Ap.	Michaelis	29./10. 07	
4531	Heinrich	Schlecht	Neuenahr	O.-R.-Sch. Ib	Michaelis	20./12. 07	
6681	Hermann	Giese	Sangerhausen	G. Ia	Michaelis	26./2. 08	
6677	Karl	Kobert	Cöthen	G. Ab.	Michaelis	27./2. 08	
6678	Gustav	Toepke	Schloß Frauenfels	G. Ia	Michaelis	29./2. 08	
6662	Paul	Braeutigam	Coesfeld	G. IIa Ap. I	Michaelis	3./3. 08	

Chemisches Laboratorium der Universität Straßburg.

Aufgedruckte No. der Zeugniskarte	Vorname	Zuname	Geburtsort	Vorbildung	Examinatoren	Datum der Ausfertigung	Art der Prüfung
S.-S. 07							
6231	Karl	Harnist	Thann (O.-E.)	G.	Thiele	30./4. 07	
6232	Walter	Weigand	Colmar	G.	Thiele	7./5. 07	
6233	Waldemar	Kraeuter	Saargemünd	G.	Thiele	8./5. 07	
6234	Werner	Hüssy	Saffenwyl (Schweiz)	Kant.-Sch.	Thiele	14./5. 07	
6235	Herbert	Lickfett	Loebau (W.-Pr.)	O.-R -Sch.	Thiele	1./8. 07	
W.-S. 07/08							
4584	Richard	Bormann	München-Gladbach	G.	Wallach, Thiele	4./12. 07	
6236	Viktor	Dürrfeld	Herborn (Birkenfeld)	O.-R.-Sch.	Thiele	10./12. 07	
6238	Emil	Autin	Metz	G.	Thiele	20./12. 07	
6239	Wilhelm	Hörmann von Hörbach	Straßburg	G.	Thiele	10./1. 08	
6240	Josef	Auerbach	Cöln a. Rh.	Einj.	Thiele	14./1. 08	
6241	Anton	Ackermann	Pfastadt (O.-E.)	O.-R.-Sch.	Thiele	19./2. 08	
6242	Fritz	Bücking	Kiel	G.	Thiele	6./3. 08	

Laboratorium für reine und pharmac. Chemie, Technische Hochschule Stuttgart.

Aufgedruckte No. der Zeugniskarte	Vorname	Zuname	Geburtsort	Vorbildung	Examinatoren	Datum der Ausfertigung	Art der Prüfung
S.-S. 07							
5906	Karl Theodor	Widmann	Stuttgart	R.-G. Ab.	Hell	26./4. 07	D.
5907	Oscar	Schaal	Bayreuth	O.-R.-Sch.Ab.	Hell	10./5. 07	D.
5908	Nikolaj	Newtonoff	Tiflis	Kad.-Sch. Tiflis	Hell	26./7. 07	V.
5909	Karl	Pfitzenmaier	Untertürkheim b. Stuttgart	O.-R.-Sch.Ab	Hell	26./7. 07	V.
W.-S. 07/08							
5910	Theophil	Stanisch	Jarotschin (Posen)	G. Ab.	Hell	17./10. 07	D.
5911	Otto	Geiger	Stuttgart	R.-G. Ab.	Hell	17./10. 07	D.
5912	Hermann	Lumpp	Tettnang	R.-G. Ab.	Hell	17./10. 07	D.
5963	Paul	Pannwitz	New-York	G. Ab.	Hell	17./10. 07	D.
5914	August	Rothermund	Rubeschnow (Rußland)	R.-G. Ab.	Hell	17./10. 07	D.
5915	Eugen	Reinert	Ludwigsburg	O.-R.-Sch.	Hell	17./10 07	D.
5916	Max	Schweizer	Ludwigsburg	G. Ab.	Hell	3./12. 07	D.
5917	Max	Oppermann	Roßlau (Anhalt)	R.-Sch. IIa	Hell	13/3. 08	V.

Chemisches Laboratorium der Universitat Tübingen.

Aufgedruckte No. der Zeugniskarte	Vorname	Zuname	Geburtsort	Vorbildung	Examinatoren	Datum der Ausfertigung	Art der Prüfung
S.-S. 07							
4777	Otto	Schaerer	Murg (Baden)	Kant.-Sch.	Wislicenus	2./5. 07	
5972	Ernst	Moser	Neuhausen a. Rh.	Kant.-Sch.	Wislicenus	19./6. 07	
5973	Arthur	Lewinsohn	Widminnen (Ostpr.)	R.-G. IIa	Wislicenus	16/7. 07	
4783	Margarete	v. Wrangell	Moskau	O.-R.-Sch.	Wislicenus	23./7. 07	
4776	Paul	Dinkelacker	Tuttlingen	Ap. I	Wislicenus	6./8. 07	
W.-S. 07/08							
4787	Max	Fischer	Tübingen	O.-R.-Sch.	Wislicenus	9./11. 07	
5975	Karl	Bozenhardt	Calw	Ap. I	Wislicenus	16./12. 07	
2964	Konstantin	Daiber	Waldsee	G. IIb	Häussermann, Wislicenus	28./1. 08	
5976	Arnulf	Hecking	München	R.-G.	Wislicenus	17./2. 03	
5977	Heinrich	Racke	Worms	O.-R.-Sch.	Wislicenus	24./2. 08	

Chemisches Institut der Universität Würzburg.

Aufgedruckte No. der Zeugniskarte	Vorname	Zuname	Geburtsort	Vorbildung	Examinatoren	Datum der Ausfertigung	Art der Prüfung
S.-S. 07							
5136	Andreas	Balling	Würzburg	R.-G. abs.	Tafel	26./4. 07	
5140	Paul	Langbein	Würzburg	G. abs.	i. V. Manchot, Tafel	24./5. 07	

Chemisches Institut der Universität Würzburg. Fortsetzung.

Aufgedruckte No. der Zeugniskarte	Vorname	Zuname	Geburtsort	Vorbildung	Examinatoren	Datum der Ausfertigung	Art der Prüfung
W.-S. 07/08							
5857	Thomas J. R.	Alexander	London	B. A.	Tafel	23./11. 07	
5858	Johann	Weir	Dunfermline (Schottland)	M. A. B. S.	Tafel	4./12. 07	
5855	John Ralf	Furlong	London	Finsbury techn. Coll. London abs.	Tafel	20./12. 07	
5856	Friedrich	Huttner	Doesingen	Ap. I	Tafel	17./1. 08	

Pharmazeutisches Institut der Universität Würzburg.

W.-S. 07/08							
6305	Paul	Viehmeyer	Cöln a. Rh.	Einj.	Engler, Medicus	26./10. 07	
3468	Franz	Sieber	Bonn	Ap.	Medicus	21./2. 08	
3469	Ernst	Matthaei	Alfeld a. L.	Ap.	Medicus	21./2. 08	
3470	Hubert	Schaal	Grünbach	G. Ab.	Medicus	5./3. 08	

F.

Übersichtstabelle über die Anzahl der ausgestellten Verbandszeugnisse.

Ort	Institut	Zahl der ausgestellten Zeugnisse			
		im Sommer 1906.		Im Winter 1906/07.	
		U*)	T*)	U*)	T*)
Aachen	Chemisches Laboratorium T	—	—	—	7
Berlin	Chemisches Institut U	9	—	19	—
Berlin	Physik.-chemisches Institut U	1	—	5	—
Berlin	Technologisches Institut U	1	—	1	—
Berlin	Anorganisches Laboratorium T	—	26	—	23
Berlin	Elektrochemisches Laboratorium T	—	1	—	4
Berlin	Organisches Laboratorium T	—	7	—	4
Berlin	Technisch-chemisches Laboratorium	—	1	—	3
Berlin	Chemisches Laboratorium der landw. Hochschule	—	1	—	—
Bonn	Chemisches Institut U	5	—	12	—
Braunschweig	Chemisches Laboratorium T	—	5	—	5
Braunschweig	Pharmazeutisches Institut T	—	6	—	9
Breslau	Chemisches Institut U	5	—	7	—
Breslau	Pharmazeutisches Institut U	2	—	3	—
Danzig	Anorganisches und organisches Laboratorium	—	1	—	1
Darmstadt	Chemisch-technisches und elektrochemisches Institut T	—	5	—	—
Darmstadt	Chemisches Institut T	—	1	—	6
Dresden	Chemische Institute T	—	16	—	7
Erlangen	Chemisches Institut U	4	—	6	—
Erlangen	Pharmazeutisch-chemisches Institut U	—	—	1	—
Freiburg	Chemisches Laboratorium (med. Abt.) U	1	—	1	—
Freiburg	Chemisches Laboratorium (philos. Abt.) U	5	—	9	—
Gießen	Chemisches Laboratorium U	6	—	6	—
Gießen	Physikalisch-chemisches Laboratorium U	—	—	5	—
Göttingen	Allgemeines chemisches Laboratorium U	6	—	4	—
Göttingen	Agrikultur-chemisches Laboratorium U	2	—	2	—
Greifswald	Chemisches Institut U	3	—	3	—

Halle	Chemisches Institut U	6	—	4	—
Hannover	Laboratorium für anorganische Chemie T	—	3	—	1
Heidelberg	Universitäts-Laboratorium U	8	—	6	—
Heidelberg	Laboratorium des Prof. F. Krafft U	8	—	—	—
Jena	Universitäts-Laboratorium U	5	—	6	—
Karlsruhe	Chemisches Institut T	—	7	—	23
Kiel	Universitäts-Laboratorium U	4	—	3	—
Königsberg	Agrikultur-chemisches Institut U	1	—	1	—
Leipzig	Chemisches Laboratorium U	11	—	17	—
Leipzig	Physikalisch-chemisches Institut U	4	—	—	—
Leipzig	Laboratorium für angewandte Chemie U	12	—	10	—
Leipzig	Chemisches Laboratorium des physiologischen Instituts U	2	—	8	—
Marburg	Chemisches Institut U	9	—	6	—
Marburg	Pharmazeutisch-chemisches Institut U	4	—	—	—
München	Chemisches Laboratorium des Staates U	10	—	11	—
München	Laboratorium für angewandte Chemie U	2	—	2	—
München	Anorganisches und chemisch-technisches Laboratorium T	—	8	—	4
Münster	Chemisches Institut U	1	—	—	—
Rostock	Chemisches Institut U	11	—	6	—
Straßburg	Chemisches Institut U	5	—	7	—
Stuttgart	Laboratorium für allgemeine Chemie T	—	4	—	8
Tübingen	Universitäts-Laboratorium U	5	—	5	—
Würzburg	Chemisches Institut U	2	—	4	—
Würzburg	Pharmazeutisches Institut U	—	—	4	—
	insgesamt	160	92	184	105

Es sind ausgestellt worden:

bis Sommersemester 1905 . . . . 4333 Verbandszeugnisse,[1])
im Sommersemester 1906 . . . . 220 Verbandszeugnisse, hiervon 152 an 20 Universitäten, 68 an 8 Technischen Hochschulen,
im Wintersemester 1906/07 . . . . 351 Verbandszeugnisse, hiervon 188 an 21 Universitäten, 163 an 9 Technischen Hochschulen,
im Sommersemester 1907 . . . . 252 Verbandszeugnisse, hiervon 160 an 21 Universitäten, 92 an 9 Technischen Hochschulen,
im Wintersemester 1907/08 . . . . 289 Verbandszeugnisse, hiervon 184 an 20 Universitäten, 105 an 10 Technischen Hochschulen.

bisher insgesamt ausgestellt 5445 Verbandszeugnisse.

*) U bedeutet Universität, T Technische Hochschule. — ¹) Diese Zahl ist um 5 vergrößert (12 Zeugnisse sind aus früheren Semestern nachzutragen, s. S. 27, 28, 33 nnd 34, dagegen sind 7 Zeugnisse zweimal eingetragen, s. Berichtigungen S. 2, a).

G.

Register der Ergänzungszeugnisse

zu den Zeugnissen

des Verbandes der Vorstände chemischer Laboratorien an deutschen Hochschulen

für Sommer-Semester 1907 und Winter-Semester 1907/08.

Physikalisch-chemisches Laboratorium der Universität Gießen.

Nummer des Zeugnisses	Vorname	Zuname	Geburtsort	Datum der Ausfertigung	Examinatoren	Prüfungsgegenstand
S.-S. 07						
5500	Hugo	Stoltzenberg	Strengen i. Tirol	24./7. 07	Elbs	Elektrochemie

Universitäts-Laboratorium Heidelberg.

Nummer des Zeugnisses	Vorname	Zuname	Geburtsort	Datum der Ausfertigung	Examinatoren	Prüfungsgegenstand
W.-S. 07/08						
5794	Tadeus	Oryng	Warschau	17./12. 07	Bredig	Physikalische Chemie
5331	Chuno	Spiro	Warschau	9./1. 08	Bredig	Physikalische Chemie
5792	Casimir	Fajàns	Warschau	9./1. 08	Bredig	Physikalische Chemie
5154	Hilarius	Lachs	Warschau	30./1. 08	Bredig	Physikalische Chemie

Mineralog. und Geolog. Institut der Universität Jena.

Nummer des Zeugnisses	Vorname	Zuname	Geburtsort	Datum der Ausfertigung	Examinatoren	Prüfungsgegenstand
S.-S. 07						
5452	William	Hicks	Liverpool	27./7. 07	Linck	Mineralogie
W.-S. 07/08						
218	Ernst	Ackermann	Berlin	20./12. 07	Linck	Mineralogie
5351	Rudolf	Waentig	Zittau	2./3. 08	Linck	Mineralogie
2245	Alfred	Oppé	Mühlhausen	2./3. 08	Linck	Mineralogie

Phys.-chemisches Institut der Universität Leipzig.

Nummer des Zeugnisses	Vorname	Zuname	Geburtsort	Datum der Ausfertigung	Examinatoren	Prüfungsgegenstand
S.-S. 07						
5495	Hans	Küssner	Halle a. S.	10./6. 07	Le Blanc	Physik. Chemie
5795	Richard	Kassel	Wien	11./6. 07	Le Blanc	Physik. Chemie
4206	Wassili	Nowikow	Kertsch	8./7. 07	Le Blanc	Physik. Chemie

Laboratorium für angewandte Chemie der Universität München.

Nummer des Zeugnisses	Vorname	Zuname	Geburtsort	Datum der Ausfertigung	Examinatoren	Prüfungsgegenstand
W.-S. 07/08						
4265	Otto	Herb	Hamburg	13./3. 08	Th. Paul	Nahrungsmittel-Chemie

Mineralogisches Institut der Universität München.

Nummer des Zeugnisses	Vorname	Zuname	Geburtsort	Datum der Ausfertigung	Examinatoren	Prüfungsgegenstand
S.-S. 07						
4064	Elsa	Merckle	Frankenthal	1./5. 07		Mineralogie und Kristallographie
4070	Karl	Ott	Ansbach	1./5. 07		Kristallographie
4085	Walter	Hartmann	Zwickau	14./5. 07		Mineralogie
4095	Hermann	Hager	Lennep	17./7. 07		Kristallographie
4094	Gustav	Fester	Frankfurt a. M.	17./7. 07		und Mineralogie
4086	Heinrich	Wagner	Hof	19./7. 07		
4092	Karl	Buchner	München	19./7. 07		
4087	Walter	Gerhardt	Bonn	23./7. 07		Mineralogie
4090	Martin	Reinbeck	Torgau	23./7. 07		
4045	Angelo	Knorr	München	23./7. 07		
4063	Hugo	Keller	München	23./7. 07		
4041	Max	Hartmann	St. Gallen	23./7. 07		Mineralogie und Kristallographie
4065	Max	Bockmühl	Barmen	27./7. 07		
1473	Alfred	Heiduschka	Dresden	27./7. 07		
4928	Hans	Schultze	Schötmar (Lippe-Detmold)	27./7. 07		
4060	Hermann	Hess	München	27./7. 07	Prof.	Mineralogie
4061	Karl	Pfister	Freising	27./7. 07	P. v. Groth	
4054	Alexand.	von Bagh	St. Petersburg	27./7. 07		
4091	Eugen	Quitmann	Berlin	27./7. 07		
4083	Karl	Bornemann	Wernigerode	27./7. 07		
W.-S. 07/08						
4073	Georg	Ebert	Ansbach	25./2. 08		Kristallographie
4069	Heinrich	Veckenstedt	Danstedt	26./2. 08		Mineralogie
6595	Emil	Beniers	Sevelen	28./2. 08		
4097	Walther	Franck	Hamburg	6./3. 08		Mineralogie und
4048	Oskar	Dienstbach	Usingen	6./3. 08		Kristallographie
4021	Wilhelm	Meiser	Nürnberg	10./3. 08		Kristallographie
4074	Anton	Kraisy	München	10./3. 08		Mineralogie und Kristallographie
4054	Alexand.	von Bagh	St. Petersburg	13./3. 08		
4065	Max	Bockmühl	Barmen	13./3. 08		Kristallographie
5909	Karl	Pfizenmaier	Untertürkheim-Stuttgart	13./3. 08		

H.

Liste der Doktordissertationen

des

Verbandes der Laboratoriums-Vorstände an deutschen Hochschulen

für Sommer-Semester 1907 und Winter-Semester 1907/08.

An Stelle der Zeugnisnummer befindet sich der Vermerk: fehlt, wenn der Kanditat die Verbandsprüfung nicht abgelegt hat. In den meisten Fällen hat der Kandidat aber eine gleich- oder höherwertige Fachprüfung absolviert (z. B. die Diplomprüfung). Dies ist dann unter der Rubrik Vorbildung (z. B. durch D.) angegeben. Wenn der Kandidat die Verbandsprüfung abgelegt hat und wenn nur die Nummer des Zeugnisses fehlt, ist dies durch Punkte angedeutet. Ein Strich befindet sich dort, wo die entsprechende Auskunft nicht zu erlangen war und wo es daher nicht feststeht, ob der Kanditat die Verbandsprüfung nicht abgelegt hat oder ob nur die Nummer des Zeugnisses nicht bekannt ist.

Technische Hochschule Aachen.

Laufende No.	Name des Promovierten	No. des Verbands-zeugnisses	Vorbildung	Titel der Dissertation	Bezeichnung des Laboratoriums	Name des Dozenten, welcher die Arbeit geleitet hat	Ort der Promotion ev. Fehlanzeige
1	M. Graham Christie	2522	Dipl.-Ing.	Studie über Steinkohlen-Stickstoff. Verbindungen.	Technolog. Laborat. Aachen	Rau	Aachen

Universität Berlin.

Laufende No.	Name des Promovierten	No. des Verbands-zeugnisses	Vorbildung	Titel der Dissertation	Bezeichnung des Laboratoriums	Name des Dozenten, welcher die Arbeit geleitet hat	Ort der Promotion ev. Fehlanzeige
1	Henri Busch	5021	G. Ab.	Synthese von 3.4.8-Trimethoxyphenanthren. Oxydation von β-Methylmorphimethin.	Chemisches Institut der Univ. Berlin	R. Pschorr	Berlin
2	Hans Marx	2231	G. Ab.	Über die thermischen Beziehungen zwischen Ozon, Stickoxyd und Wasserstoffsuperoxyd.	Chemisches Institut der Univ. Berlin	F. Fischer	Berlin
3	Adolf Nachmann	1444	G. Ab.	Kondensation von Phenylphenanthrophenazoniumchlorid (Flavindulin) mit Methylengruppen.	Chemisches Institut der Univ. Berlin	F. Sachs	Berlin

4	Alfred Hoffmann	fehlt	O.-R.-Sch.	Untersuchungen in der Sesquiterpenreihe, über Cedren.		F. W. Semmler	
5	Erich Berthold	4955	G. Ab.	Zur Kenntnis der Reaktionsfähigkeit der 1.2. Naphtochinonsulfosäure.		F. Sachs	
6	Georg Meyerheim	4961	R.-G. Ab.	Über Kohlensuboxyd.		O. Diels	
7	Walter Jacobs	fehlt	B. A. M. S.	Über die optisch aktiven Formen des Serins, Isoserins und der Diaminopropionsäure.		E. Fischer	
8	Martin Kempe	4958	G. Ab.	Beitrag zur Kenntnis optisch aktiver Polypeptide und über einige Derivate des Tryptophans.		E. Abderhalden	
9	Hermann von Müller	4936	G. Ab.	Zur Synthese des Papaverins.		R. Pschorr	
10	Adolf Kraemer	4962	G. Ab.	Versuche zur Darstellung der α-Amino-γδ-Dioxyvaleriansäure. Oxydation des Glycylglycins.		E. Fischer	
11	Joseph Steingroever	4963	G. Ab.	Synthese einiger Polypeptide mit Beziehung zum Isobutyldiketopiperazin.		E. Fischer	
12	Adolf Sonn	4973	O.-R. Ab.	Zur Kenntnis der Pyrazine.	Chemisches Institut der Univ. Berlin	S. Gabriel	Berlin
13	Otto Spangenberg	4954	G. Ab.	I. Zur Kenntnis des Apomorphins. II. Zur Kenntnis des Thebainols.		R. Pschorr	
14	Hans Grüneberg	4168	G. Ab.	Der Phosphorstickstoff P_3N_5.		A. Stock	
15	Paul Mendelssohn-Bartholdy	4171	G. Ab.	Über Derivate von Imiden zweibasischer Säuren.		S. Gabriel	
16	Salman Monosohn	4943	G. Ab.	Über Derivate der hydrierten Naphtoësäuren.		F. W. Semmler	
17	Viktor Jürgens	4942	G. Ab.	Zur Kenntnis der m-Toluylsäure.		S. Gabriel	
18	Arthur Voitinowici	5555	G. Ab.	Hydrolyse des Keratins aus Horn und Wolle sowie des Ichthylepidins.		E. Abderhalden	
19	Herbert Blumenthal	4154	G. Ab.	Synthese und Derivate der α-Amino-γ-Oxybuttersäure.		E. Fischer	
20	Alex Böcking	4969	G. Ab.	Beiträge zur Kenntnis des Methylcyclopentantrions.		O. Diels	
21	Wladimir Brunetti	4174	G. Ab.	Neue Derivate aus Amidonaphtolen und und Naphtylendiaminen.		F. Sachs	
22	Hans R. Arnold	4971	G. Ab.	Über chlorierte Ester der Schwefelsäure, insbesondere über Monochlormethylsulfat.		F. Hruben	

Universität Berlin. Fortsetzung.

Laufende No.	Name des Promovierten	No. des Verbands-zeugnisses	Vorbildung	Titel der Dissertation	Bezeichnung des Laboratoriums	Name des Dozenten, welcher die Arbeit geleitet hat	Ort der Promotion ev. Fehlanzeige
23	**Willy Böttcher**	3124	O.-R.-Sch. Ab.	Der feste gelbe Phosphorwasserstoff und seine Reaktion mit flüssigem Ammoniak.	Chemisches Institut der Univ. Berlin	A. Stock	Berlin
24	**Felix Oehs**	fehlt	R.-G.	Beiträge zur Kenntnis der Urethans.	Chemisches Institut der Univ. Berlin	O. Diels	Berlin
25	**Hans Stoot**	4949	R.-G. Ab.	Über die Bromierung des Vanillins und der α-Homovanillinsäure.	Chemisches Institut der Univ. Berlin	R. Pschorr	Berlin
26	**Walter Weigert**	4964	G. Ab.	Über magnesiumorganische Verbindungen.	Chemisches Institut der Univ. Berlin	F. Sachs	Berlin
27	**Arthur H. Koelker**	4965	Hoch-Sch. Toledo (U. S. A.)	Die Leucyl-leucine und ihre Anhydride.	Chemisches Institut der Univ. Berlin	E. Fischer	Berlin
28	**Erich Stephan**	4980	R.-G. Ab.	Über Dimethylketol und seine Verwandlung in eine Triose.	Chemisches Institut der Univ. Berlin	O. Diels	Berlin
29	**Heinrich Felser**	4970	G. Ab.	Zur Kenntnis der Oxyproline und über die Synthese von N-Methyloxyprolinen (Oxyhygrinsäuren).	Chemisches Institut der Univ. Berlin	G. Leuchs.	Berlin
1	**Robert Naumann**	5471	G.-Ab.	Experimentelle Bestimmung und theoretische Berechnung kleiner Dampfdrucke von Jod und Metalljodiden.	Phys. chem. Insitut d. Univ. Berlin	Nernst	Berlin
2	**Matthias Pier**	4960	G.-Ab.	Spezifische Wärme und Dissoziationsverhältnisse von Chlor.	Phys. chem. Insitut d. Univ. Berlin	Nernst	Berlin
3	**Fritz Jost**	2997	O.-R.-Sch.	Über die Verwendung eines elektrischen Druckofens bei Behandlung chemischer Gleichgewichte.	Phys. chem. Insitut d. Univ. Berlin	Nernst	Berlin
1	**Carl Haupt**	4133	G. Ab.	Über die Bildung von Pyrrolidonverbindungen aus Lävulinsäureester, Blausäure und Metaderivaten des Anilins.	Technologisches Institut der Univ. Berlin	Kühling	Berlin
2	**Hugo Hübner**	4193	R.-G. Ab.	Über in β-Stellung phenylierte Abkömmlinge des Chinolins.	Technologisches Institut der Univ. Berlin	Kühling	Berlin

Technische Hochschule Berlin-Charlottenburg.

1	Fritz Wirth	5186	G.	Beiträge zur Kenntnis der seltenen Erden	Anorganisch-Chem. Laboratorium	Erdmann	Halle
2	Rudolf Reppert	4682	O.-R.-Sch.	Über gelbes, braunes und graues Arsen.			
3	Heinrich v. d. Smissen	1420	R.-G	Beiträge zur Kenntnis der chemischen Eigenschaften des Calciummetalls.			Berlin
1	Elias Süßkind	2257	G. Ab.	Darstg. subst. tert. Alkohole mittelst Grignard-Reaktion.	Organisches Labor. der Techn. Hochschule zu Berlin	R. Wolffenstein	Berlin (U.)
2	Osias Pollinger	3774	G. Ab.	Über einige ungesättigte Phenoxysäuren.		H. Simonis	
3	Fritz Peters	4676	R.-G. Ab.	Zur Kenntnis des 2 Methylkumarins.			
4	Ludwig Mathias	3599	R.-G. IIa	Unterschiedliches Verhalten der 3 Toluidine gegen Mukobrom- und Mukochlorsäure.			
5	Robert Maaß	3769	R.-G. Ab.	Zur Kenntnis der γ-Aldehydsäuren und ihrer Anhydride.			
6	Leon. W. Geller	4322	G. Ab.	Über einige N-Methylen- und N-Methenylverbindungen organ. Basen.		R. Wolffenstein	
1	Alfred Burger	3535	R.-G.	Reduktionen durch Calcium.	Elektrochemisches Laboratorium der kgl. Techn. Hochschule zu Berlin	v. Knorre	Univ. Basel
2	Paul Herrmann	3532	O.-R.-Sch.	Beiträge zur Kenntnis der Nitride.			Univ. Berlin
3	Heinrich Leiser	3537	H.-G.	Zur Theorie der elektrolytischen Chromabscheidung vom Standpunkte der Strukturisomeriehypothese der Chromsalze.			
4	Albert Geßler	4381	O.-R.-Sch.	Über Leitfähigkeit, Dichte und Zähflüssigkeit geschmolzener Salze.		Prof. Dr. Arndt	
5	Kurt Willner	4355	G.	Studien über die Schmelzflußelektrolyse der Erdalkalichloride.			
1	Géza Nádai	fehlt	G. Diplom des Eidg. Polytechn. Zür.	Darstellung von o-nitrierten Aminen aus den entsprechenden Phenolderivaten.	Technisch-Chem. Institut der Techn. Hochschule. (Prof. Witt)	Prof. Ullmann	Zürich
2	Erich Herre	3948	G. IIa.	Über die 2.4-Dinitrochlorbenzol-6-sulfosäure.		Prof Ullmann	Basel

Landwirtschaftliche Hochschule Berlin.

1	Konrad Delbrück	4042	G. Ab.	Diazoessigester und m-Xylol.	Landw. Hochschule	Buchner	Univ. Berlin
2	Eugen Budkewicz	4993	G. Ab.	Studien über Triphenylmethanfarbstoffe.		Meisenheimer	

Universität Bonn.

Laufende No.	Name des Promovierten	No. des Verbands-zeugnisses	Vorbildung	Titel der Dissertation	Bezeichnung des Laboratoriums	Name des Dozenten, welcher die Arbeit geleitet hat	Ort der Promotion ev. Fehlanzeige
1	**Ferdinand Haas**	3667	R.-G.	Über Ester-, Amid-, Anilid- und p-Toluididsäuren der Mesaconsäure und Citraconsäure.		R. Anschütz	
2	**Peter Junkersdorf**	3878	G.	Über Umwandlungsprodukte von β-Oxy-m-kresocumarin-α-carbonsäureester und β-Oxy-m-kresocumarin.		R. Anschütz	
3	**Paul Walter**	4546	G.	Über halbseitige Abkömmlinge der Phenylbernsteinsäure.		R. Anschütz	
4	**Karl Stassen**	3887	O.-R.-Sch.	Synthesen m. Acetondicarbonsäureestern.	Chem. Inst. d. Univ. Bonn	G. Schröter	
5	**Edmund Heiten**	3888	G.	Über Saccharin und Saccharinate und ihre Bildungsgeschwindigkeit aus Zuckerarten unter dem Einfluß von Alkalien.		E. Rimbach	
6	**Walther Sondag**	4534	G.	Beiträge zur Kenntnis des Natriumhydrosulfits und der Methionsäure.		Binz G. Schröter	Bonn
7	**Edwin Wildt**	5047	B. S. Univ London.	Über die Einwirkung von Alkalien auf die Verbindungen der Dithiodiglykolsäure.		Prof. Frerichs	
8	**Vasile H. Hâncu**	fehlt	Dr. med.	Über die Tautomerie cyclischer Monoketone.	Pharm. Inst. d. Univ. Berlin	C. Mannich	
9	**Paul Trummel**	5042	R.-G.	Beiträge zur Kenntnis der Konstitution der Citraconsäure und ihrer Homologen.		R. Anschütz	
10	**Alwin Schubert**	5043	G.	Löslichkeitsbestimmnngen an schwerlöslichen Salzen seltener Erdmetalle.	Chem. Inst. d. Univ. Bonn	E. Rimbach	
11	**Theodor Mariam**	2724	O.-R.-Sch.	Über Methionsäuresynthesen.		G. Schroeter	

Universität Breslau.

Laufende No.	Name des Promovierten	No. des Verbands-zeugnisses	Vorbildung	Titel der Dissertation	Bezeichnung des Laboratoriums	Name des Dozenten, welcher die Arbeit geleitet hat	Ort der Promotion ev. Fehlanzeige
1	**Hans Goldschmidt**	4415	O.-R.-Sch. Ab.	Abhängigkeit der Reaktionsgeschwindigkeit von der Temperatur.	Chemisches Institut	—	Breslau
2	**Bruno Mylius**	4420	G. Ab.	Einfluß des Lösungsmittels auf die Reaktionsgeschwindigkeit.		Herz	

3	Fritz Stietzel	2241	G. Ab.	Über die Darstellung von γ-Picolinalkin, γ-Pipecolylalkin und Chinuclidin. Anhang: Über organische Siliciumverbindungen.		Loeffler Ladenburg	
4	Hans Gerhard Anders	4409	G. Ab.	Über die Löslichkeitsbeeinflussung in gemischten Lösungsmitteln.	Chemisches Institut	Herz	
5	Hans Kaim	4411	G. Ab.	Synthese und Konstitution des inaktiven δ-Coniceïns.		Loeffler	Breslau
6	Willy Herrmann	4410	O.-R.-Sch. Ab.	Partielle Racemie.		Ladenburg	
7	Gotthold Friedrich	5019	G. Ab.	Synthese des β-Coniceïns.		Loeffler	
1	August Luther	4277	G. Ab.	Über Amine und Diamine der Stilbazole	Landwirtsch.-techn. Institut d. Univ.	Ahrens	

Technische Hochschule Dresden.

1	Ferdinand Blankenberg	5086	G. Ab.	Über die elektrolytische Abscheidung von Zink, Nickel und Kupfer aus ammoniakalischer Lösung.	Elektrochem. Labor.	Fr. Foerster	
2	Arthur Nicolaus	5097	R.-G. Ab.	Zur Kenntnis des Diphenylcarbaminsäurechlorids.		E. v. Meyer	
3	Theo Koerner	fehlt	Gew.-Ak. Chemnitz Dipl.-Ing.	Zur Frage der Bildung von Alkohol aus cellulosehaltigen Stoffen.	Organ.-chem. Lab.	E. v. Meyer	
4	Paul Herrschel	4458	R.-G. Ab.	Über Kondensationen von Phenoxylessigester mit Cyaniden.		R. v. Walther	Dresden
5	Willy Römmler	3490	R.-G. Ab.	Über den Wasserstoffgehalt des Elektrolytnickels.	Elektrochem. Lab.	Fr. Foerster	
6	Alfred Rothe	5642	R.-G. Ab.	Über die Adsorption von Silbernitrat und Jodkalium durch Jodsilber.	Organ.-chem. Lab.	A. Lottermoser	
7	Alfred Köhler	fehlt	Gew.-Ak. Chemnitz Dipl.-Ing.	Über den Einfluß der Bäuche und Bleiche auf die Kapillarität der Baumwolle.	Farbenchem. Lab.	R. Möhlau	
8	Heinrich Roch	5667	G. Ab.	Zur Kenntnis der Thiazole.	Organ.-chem. Lab.	R. v. Walther	

Technische Hochschule Dresden. Fortsetzung.

Laufende No.	Name des Promovierten	No. des Verbandszeugnisses	Vorbildung	Titel der Dissertation	Bezeichnung des Laboratoriums	Name des Dozenten, welcher die Arbeit geleitet hat	Ort der Promotion ev. Fehlanzeige
9	**Henry Ulrich**	5088	Gew.-Ak. Chemnitz Ab.	Über Isatosäureanhydrid.	Chem. Institut der Univ. Heidelberg	Ernst Mohr	
10	**Hans Jacoby**	5652	Gew.-Ak. Chemnitz Ab.	Über die Bildung von Kalkstickstoff.			Dresden
11	**Max Koch**	5649	Gew.-Ak. Chemnitz Ab.	Zur Kenntnis der Einwirkung von nitrosen Gasen und Sauerstoff auf Wasser.	Elektrochem. Lab.	Fr. Foerster	
12	**Bernhardo Diethelm**	fehlt	Dipl.-Ing. Zürich	Über die elektrolytische Reduktion von Titansulfatlösungen.			
13	**Paul Stähelin**	fehlt	Dipl.-Ing Zürich	Beiträge zur Kenntnis der elektrolytischen Oxydation.			Univ. Zürich

Universität Erlangen.

Laufende No.	Name des Promovierten	No. des Verbandszeugnisses	Vorbildung	Titel der Dissertation	Bezeichnung des Laboratoriums	Name des Dozenten, welcher die Arbeit geleitet hat	Ort der Promotion ev. Fehlanzeige
1	**Ernst Richard Heller**	2244	R.-G.	Über die Einwirkung alkoholischer Salzsäure auf Azoverbindungen.		Dr. Busch	
2	**Georg Prause**	4240	Ap. I	Über Amarin und Anisin.		Dr. O. Fischer	
3	**Hermann Klöffler**	4250	R.-G	Über die Tautomerie bei Benzimidazolen.	Chem. Laborat. der Univ. Erlangen	Dr. O. Fischer	
4	**Gustav Blume**	4249	G.	Zur Kenntnis der Carbodiimide.		Dr. Busch	
5	**Martin Woernle**	5423	O.-R.-Sch.	Studien über die Verbindungen und das Atomgewicht des Palladiums.		Dr. Gutbier	
6	**Joseph Markwalder**	. . .	G. Arzt	Einwirkung von Anilin und p. Toluidin auf ω-Brompropylmethylketon. Synthese von N-phenylierten Pyrrolin- und Pyrrolidinderivaten	Org.-chem. Lab. d. der Techn. Hochschule z. München.	Dr. A. Lipp	Erlnagen
7	**Ludwig Raab**	3338	G.	I. Über 2 stereoisomere Oxime des Benzalacetophenons. — II. Über Versuche mit frischgeflossener Vesuvlava.	Chem. Lab. d. Univ. Erlangen	Dr. F. Henrich	

8	Herman Brandt	3022	Ap. I	Zur Kenntnis der Aminoguanidine.	Chem. Lab. d. Univ. Erlangen	Dr. Busch	Erlangen
9	Richard Hobein	4244	G.	Verhalten der Organomagnesiumverbindungen gegen Kohlenstoff-Stickstoff-Doppelbindung.	Chem. Lab. d. Univ. Erlangen	Dr. Busch	Erlangen
10	Alfred Hüttlinger	5422	R.-G.	Studien über Rhodium. Das Atomgewicht des Rhodiums.	Chem. Lab. d. Univ. Erlangen	Dr. Gutbier	Erlangen
11	Erich Schindler	4241	Ap. I.	Überführung von aromat. Azinen in Chinoxaline.	Chem. Lab. d. Univ. Erlangen	Dr. O. Fischer	Erlangen
1	Franz Hörnstein	4110	G. Ab.	Über synthetische Versuche mit Traubenzucker und seinen Derivaten.	Pharm.-chem. Inst.	C. Paal	Universität Erlangen
2	Erich Weidenkaff	3618	Ap. I	I. Über die Anwendung der Grignardschen Reaktion auf Aminosäureester. II. Synthetische Versuche mit Galactonsäure.	Pharm.-chem. Inst.	C. Paal	Universität Erlangen
3	Gustav Kühn	3620	Ap. I	I. Synthese von Diphenylpyridazinderivaten. II. Über kolloidales Chlor-, Brom- und Jodnatrium.	Pharm.-chem. Inst.	C. Paal	Universität Erlangen
4	Josef Gerum	3622	Ap. I	Über katalytische Wirkungen kolloidaler Metalle der Platingruppe.	Pharm.-chem. Inst.	C. Paal	Universität Erlangen
5	Kurt Zahn	3623	Ap. I	I. Über kolloidale Kaliumhalogenide. II. Synthese diarylsubstituierter Glycerine.	Pharm.-chem. Inst.	C. Paal	Universität Erlangen

Universität Freiburg i. B.

1	Hermann Höller	4540	O-R-Sch. Ab.	Über Duplobenzylidenthioaceton.	Univ.-Lab. zu Freiburg (philos. Abt.)	Fromm	Freiberg i. B.
2	Dionys von Gönez	4714	G. Ab.	Derivate der Persulfocyansäure.	Univ.-Lab. zu Freiburg (philos. Abt.)	Fromm	Freiberg i. B.
3	Emil Vetter	4708	O.-R.-Sch. Ab.	Disulfide mit benachbarten Doppelbindungen.	Univ.-Lab. zu Freiburg (philos. Abt.)	Fromm	Freiberg i. B.
4	Philipp Schmoldt	4225	R.-G. Ab.	Über Thiobenzoesäuren und Disulfide mit benachbarten Doppelbindungen.	Univ.-Lab. zu Freiburg (philos. Abt.)	Fromm	Freiberg i. B.
5	Gustav Wiegand	3597	R.-G. Ab.	Derivate aromatischer p-Monojodphenyläther mit mehrwertigem Jod.	Univ.-Lab. zu Freiburg (philos. Abt.)	Willgerodt	Freiberg i. B.
6	Johannes Wolfgang Kerb	4129	G. Ab.	Zur Kenntnis aromatischer Ketone.	Univ.-Lab. zu Freiburg (philos. Abt.)	Gattermann	Freiberg i. B.
7	Max Smollny	845	G. Ab.	Über das Kaliumxanthogenat als analytisches Fällungsmittel.	Univ.-Lab. zu Freiburg (philos. Abt.)	Rupp	Freiberg i. B.

Universität Freiburg i. B. Fortsetzung.

Laufende No.	Name des Promovierten	No. des Verbands-zeugnisses	Vorbildung	Titel der Dissertation	Bezeichnung des Laboratoriums	Name des Dozenten, welcher die Arbeit geleitet hat	Ort der Promotion ev. Fehlanzeige
8	Otto Steuer	4718	G. Ab.	Über schwefelhaltige Derivate des o-Toluchinolins.		Edinger	
9	Wilhelm Kobbe	4028	R.-G Ab.	Über indirekte Oxydation und Reduktion.		Riesenfeld	
10	Arnold Weller	4706	G. Ab.	Über Disulfide mit benachbarten Doppelbindungen.		Fromm	
11	Josef Bercher	5390	O.-R.-Sch Ab.	Beitrag zur Kenntnis der Chlor-Brom-Chinoline.	Univ.-Lab. zu Freiburg (philos. Abt.)	Howitz	
12	Otto Nicodemus	4797	G. Ab.	Untersuchungen über m-Amidochinolin und m-Oxyalkylchinoline.		Howitz	
13	Karl Volkmann	4713	G. Ab.	Über den Einfluß der Temperatur auf die Geschwindigkeit chemischer Vorgänge.		Trautz	
14	Rudolf Lenz	4924	G. Ab.	Chemische Untersuchungen über Laterit.		Meigen	
15	Heinrich Baumhauer	1894	G. Ab	Über Disulfide mit benachbarten Doppelbindungen.		Fromm	Freiburg i. B.
16	Ludwig Bühler	4557	G. Ab.	Synthesen mit Blausäuresesquichlorhydrat.		Gattermann	
1	Otto Matthes	5531	O.-R.-Sch. Ab. Ap. (I)	Über α-γ-Dioxyglutarsäuren.		Kiliani	
2	August Hauth	3648	G. Ab.	Zur Kenntnis der Phytosterine.		Windaus	
3	Anton Sautermeister	5532	G. Ab. Ap. (I)	Einwirkung von Kalkhydrat auf Milchzucker. Derivate der Meta- und Parasaccharopentose.	Univ. Lab. zu Freiburg (medizin. Abt.)	Kiliani	
4	Paul Mühlinghaus	3646	R.-G. Ab.	Beiträge zur Kenntnis der Einwirkung von Fünffach Bromphosphor und Fünffach Chlorphosphor auf Phenolalkyläther, aromatische Ester und Phenole.		Autenrieth	

Universität Giessen.

Laufende No.	Name des Promovierten	No. des Verbands-zeugnisses	Vorbildung	Titel der Dissertation	Bezeichnung des Laboratoriums	Name des Dozenten, welcher die Arbeit geleitet hat	Ort der Promotion ev. Fehlanzeige
1	Carl Jena	4252	G.	Über Verbindungen, welche Vanadinsäure und Tellurige Säure enthalten.	Lab. für angewandte Chemie z. München	A. Hilger	Gießen

2	Fritz Dürre	5478	G.	Über oxydierende Wirkung, Schmelzpunkt und Zersetzung des Kaliumperchlorats.	Chem.-Univ.-Lab. Gießen.	Alex. Naumann	Gießen
3	Johann Rill	2919	-G.	Beitrag zur Erkenntnis des Verhaltens von anorganischen Salzen in Methylacetat.		Alex. Naumann	
4	Herrmann Struth	5476	G.	Einwirkung von überschüssigem Phenol und von überschüssigem Natriumhydroxyd auf Phenolnatrium beim Siedepunkt seiner wässerigen Lösungen.		Alex. Naumann	
1	Heinrich Zöller	2767	R.-G. Ab.	Die partielle elektrochemische Reduktion des 2.6- u. des 2.4-Dinitrotoluols.	Physikalisch-chem. Univ.-Lab. Gießen	Brand	
2	Johannes Schwenk	2768	R.-G. Ab.	Über Esterverseifung an der Kathode.		Elbs	
3	Maximilian Stolaroff	2759	G. Ab.	ZurKenntnis d.ana-Nitro-o-Chlorchinolins.		Elbs	

Universität Göttingen.

1	Friedrich Boedecker	4581	R.-G. Ab.	Zur Kenntnis des im Majoranaöl vorkommenden Alkohols und verwandter Verbindungen.	Allgemeines chem. Lab. zn Göttingen	Wallach	Göttingen
2	Heinrich Wienhaus	3874	R.-G. Ab.	Zur Kenntnis des Fenchons und Kampfers.		Wallach	
3	Adolf Witte	4586	G. Ab.	Über Hydrocarbazole und eine neue Carbazolsynthese.		Borsche	
4	Arnold Blumann	4585	O.-R.-Sch. Ab.	Zur Kenntnis des Nopinons.		Wallach	
5	Eduard Schellack	4854	G. Ab.	Über die Bromessigester-Reaktion am Menthon.		Wallach	
6	Karl Fleischer	5294	R.-Sch. Ab.	Zur Kenntnis pentacyclischer Systeme.		Wallach	
7	Adolf Schwartz	5447	R.-G. Ab.	Synthese eines Rechts-p-Menthon.		Kötz	
8	Heinrich Mallison	5300	G. Ab.	Über die Kondensation von Cyclohexanon und seiner Homologen mit Aldehyden.		Wallach	
9	Carl Götz	5303	G. Ab.	Auf- und Abbau mittels hydroaromatischer Ketone und Ketoncarbonsäureester.		Kötz	
10	Alexander Wacker	4821	G. Ab.	Zur Kenntnis des Bicyklohexen-hexanons.		Wallach	

Universität Göttingen. Fortsetzung.

Laufende No.	Name des Promovierten	No. des Verbands-zeugnisses	Vorbildung	Titel der Dissertation	Bezeichnung des Laboratoriums	Name des Dozenten, welcher die Arbeit geleitet hat	Ort der Promotion ev. Fehlanzeige
11	**Benedikt Merkel**	5296	R.-G. Ab.	Zur Kenntnis der Bildung bicyclischer Kohlenstoff- und Kohlenstoff-Stickstoffringe aus Cyclohexanoncarbonester.		Kötz	
12	**Hermann Stromann**	4583	G. Ab.	Über Kohlenwasserstoffe der Geraniolen- und Cyclogeraniolen-Reihe und die Bildung von Alkoholen durch Umsetzung von Halogenverbindungen mit wässerigem Kali.		Wallach	
13	**Willibald Menz**	4588	R.-G. Ab.	Studien über Phenyl-R-Pentenon und seine Umwandlungen.	Allgemeines chem. Lab. zu Göttingen	Borsche	
14	**Jean Camper-Titsingh**	5297	L.-H.-Sch. Ab.	Über das Verhalten der Brenztraubensäure-Ketone bei der Döbnerschen s-Alkylcinchoninsäure-Synthese und die Synthese heterocyklischer Verbindungen aus den Nitranilinen.		Borsche	
15	**Socrates Sogomonoff**	4354	G. Ab.	Oxydationsprodukte der α- und β-Camphonitrile.		Wallach	Göttingen
1	**Gerhard Stein**	3992	R.-G.	Über die Darstellung einiger Silicate.			
2	**Robert S. Williams**	3994	B. S.	Über die Legierungen des Sb mit Mn, Cr, Si und Sn; des Bi mit Cr und Si und des Mn mit Sn und Pb.	Inst. f. anorg. Chemie	Tammann	
3	**Rudolf Sahmen**	3993	G.	Über die Legierungon des Cu mit Mg, Fe, Co und Fe.			
4	**Percival Henderson**	—	B. A.	Zur Thermodynamik der Flüssigkeitsketten.	Inst. f. phys. Chemie	Dolezalek	
5	**Donald P. Smith**	3096	B. S.	Über die Legierungen des Kaliums mit Al, Mg, Zn, Cd, Bi, Sn und Pb.			
6	**Gerhard Voss**	5301	G.	Die Legierungen des Ni mit Sn, Pb, Tl, Cr, Bi, Mg, Zn und Cd.	Inst. f. anorg. Chemie	Tammann	
7	**Lewek Donsky**	3997	R.-G.	Über die Legierungen des Ca mit Zn, Cd, Al, Tl, Pb, Sn, Bi, Sb und Cu.			

8	Afred Gwyer	3995	B. S.	Über die Legierungen des Al mit Cu, Fe, Co, Ni, Pb und Cd.	Inst. f. anorg Chemie	Tammann	Göttingen
9	Hans Becker	4571	G.	Einwirkung des Lichts auf die Bildung der Schwefelsäure.	Inst. f. phys. Chemie	Coehn	Göttingen
1	Karl Ulrich Lefêvre	1596	G.	Untersuchungen über die Glucuronsäure und ihre quantitative Bestimmung.	Agrik.-chem. Lab. d. Univ. Göttingen	B. Tollens	Göttingen

Universität Greifswald.

1	Ernst Wassermann	2797	Ind-Sch.	Über sterische Hinderung und optische Isomerie von Stickstoffverbindungen.	Chem. Inst. d. Univ. Greifswald	M. Scholtz	Greifswald
2	Moritz Eckardt	1471	Priv.-Sch.	Zur Konstitution der Oxyazokörper.	Chem. Inst. d. Univ. Greifswald	K. Auwers	Greifswald
3	Robert Baumgarth	2695	R.-G.	Anlagerung von Merkaptanen an ungesättigte Säuren.	Chem. Inst. d. Univ. Greifswald	Th. Posner	Greifswald
4	Hugo Dannehl	2699	O-R.-Sch.	Untersuchungen über die intramolekulare Wanderungsfähigkeit von Säureresten.	Chem. Inst. d. Univ. Greifswald	K. Auwers	Greifswald
5	Walter Hirt	5182	G.	Untersuchungen über die Wanderung von Säureresten bei der Reduktion acylierter Oxyazokörper.	Chem. Inst. d. Univ. Greifswald	K. Auwers	Greifswald

Universität Halle a. S.

1	Paul Weinstein	4517	G. abs.	Über Tetraphenylallen.	Chem. Inst. d. Univ. Halle a. S.	Vorländer	Halle a. S.
2	Heinrich Hiemisch	4512	O.-R.-Sch. abs. Siebenbrg.	Zur Kenntnis der α-ungesättigten Phenolketone.	Chem. Inst. d. Univ. Halle a. S.	Vorländer	Halle a. S.
3	Emil Bergmann	4324	R.-G. abs.	Über Benzylphenyläthylen.	Chem. Inst. d. Univ. Halle a. S.	Vorländer	Halle a. S.
4	Gustav Adolf Mayer	3399	G. abs.	Über Produkte der Addition von Halogenwasserstoff u. Halogenen an ungesättigte Ketone.	Chem. Inst. d. Univ. Halle a. S.	Vorländer	Halle a. S.
5	Hermann Otto Meye	4441	O.-R.-Sch. abs.	Über die Einwirkung von Phenylmagnesiumbromid auf Malonester und über krystallinisch-flüssige Nitroverbindungen.	Chem. Inst. d. Univ. Halle a. S.	Vorländer	Halle a. S.
6	Karl Mohs	4523	O.-R.-Sch. abs.	Über Alkoholyse. Beiträge zur Kinetik des Menthons.	Chem. Inst. d. Univ. Halle a. S.	Tubandt	Halle a. S.
7	Friedrich Wilh. Patzschke	4515	G. abs.	Autoxydation und Oxydation von Trichloraethylen.	Lab. f. angew. Chemie d. Univ. Halle a. S.	E. Erdmann	Halle a. S.

Technische Hochschule Hannover.

Laufende No.	Name des Promovierten	No. des Verbands-zeugnisses	Vorbildung	Titel der Dissertation	Bezeichnung des Laboratoriums	Name des Dozenten, welcher die Arbeit geleitet hat	Ort der Promotion ev. Fehlanzeige
1	**Karl Beer** (s. S. 66)	798	R.-G. II b	Über Trioxydihydromethyluracil.	Org.-chem. Lab.	Behrend	Rostock
2	**Friedrich Lohr**	5872	O.-R.-Sch.	Über die Phenylhydrazone der Glukose.			Hannover

Universität Heidelberg.

Laufende No.	Name des Promovierten	No. des Verbands-zeugnisses	Vorbildung	Titel der Dissertation	Bezeichnung des Laboratoriums	Name des Dozenten, welcher die Arbeit geleitet hat	Ort der Promotion ev. Fehlanzeige
1	**Georg Detoros**	4030	G.	Über die Reduktion von o-Methoxybenzaldazin in alkalischer Lösung.		Curtius	
2	**Ellwood Spear**	4468	B. A.	Katalytische Zersetzung des Wasserstoffsuperoxyds unter verschiedenen Sauerstoffdrucken.		Bredig	
3	**Julius Mampel**	3269	O.-R.-Sch.	Über die Gewinnung von Azoverbindungen aus sekundären Hydraziden.		Stollé	
4	**Edwin Wuensch**	4473	R.-G.	Über Tertiärbutylhydrazin und Ditertiärbutylhydrazin.	Univ.-Lab.	Stollé	
5	**Fritz Sommer**	4135	R.-G.	Über 2-Menthatriëne und ihre Umwandlung in p-Cymole.		Klages	
6	**Rudolf Stern**	3268	Öst. G.	Über die Anwendbarkeit der Äther-Aluminium-Chlorid-Methode zur Äthylierung aromatischer Substanzen.		Jannasch	Heidelberg
7	**Henry Frank**	3420	High-School abs.	Über Kohlenoxyselenid COSe und einige Derivate desselben.	Privat-Lab.	Krafft	
8	**Theodor Eichler**	4476	R.-G.	Neue Untersuchungen über die Benzalhydrazine.		Franzen	
9	**Jakob Transier**	3270	R.-G.	Über die Einwirkung von Essigsäure und Essigsäureanhydrid auf Cineol in Gegenwart von Kontaktsubstanzen.	Univ.-Lab.	Knoevenagel	
10	**Richard Schaal**	4791	G.	Über Nonadecylmethylendicarbonsäure COOH. $C_{19}H_{38}$. COOH und Homologe derselben aus Japanwachs.	Privat-Lab.	Krafft	

11	Peter Stieldorf	2519	G.	Beiträge zur Kenntnis des Natriumhydrosulfits.	Univ.-Lab.	Franzen	Heidelberg
12	Otto von Mayer	3242	R.-Sch. Ap.	Über Hydrazinverbindungen verschiedener Metallsalze.	Univ.-Lab.	Franzen	Heidelberg
13	Fritz Köhler	4704	O.-R.-Sch	Isatosäureanhydrid und Anthranoylanthranylsäure.	Univ.-Lab.	Mohr	Heidelberg
14	Albert Kleinschmitt	4056	R.-G.	Hydrolyse des Hordeïns.	Chem. Lab. d. techn. HochschuleMünchen	Lintner	Heidelberg
15	Leo Polack	5314	Russ. G.	Über die Anhydride aromatischer Sulfinsäuren.	Univ.-Lab.	Knoevenagel	Heidelberg
16	Erich Friedemann	962	R.-G.	Über die Reduktion partiell hydrierter Benzole.	Univ.-Lab.	Klages	Heidelberg
17	Isaak Frenkel	3671	Russ. R.-Sch.	Über die Einwirkung von Hydrazinhydrat auf Bromacetophenon.	Univ.-Lab.	Stollé	Heidelberg
18	Ehrhardt Schott	3274	G.	Beiträge zur Kenntnis des Hydroxylamins und Hydrazins.	Univ.-Lab.	Ebler	Heidelberg
19	Curt Abel	1191	G.	Zur Kenntnis der Styrole.	Univ.-Lab.	Klages	Heidelberg
20	Michael Strich	4138	G.	Über analytische Zerlegung des Bienenwachses in seine Komponenten.	Priv.-Lab.	Krafft	Heidelberg
21	Andreas von Antropoff	4475	Russ. R.-Sch.	Die pulsierende Quecksilber-Wasserstoffperoxyd-Katalyse.	Univ.-Lab.	Bredig	Heidelberg
22	Fritz Ackermann	4469	G.	Zur Kenntnis der Pyrimidine und Chinazoline.	Univ.-Lab.	Knoevenagel	Heidelberg
23	James Thompson	3271	Grammar-Sch.	Über das Diazotieren von Polyglycylverbindungen.	Univ.-Lab.	Curtius	Heidelberg
24	Otto Schott	3244	G.	Kalksilikate und Kalkaluminate in ihren Beziehungen zum Portlandcement.	Univ.-Lab.	Jannasch	Heidelberg

Universität Jena.

1	Wilhelm Schreiner	2227	R.-G.	Über das Azin des Acetessigesters und Methylacetessigesters.	I. Univ.-Lab.	Wolff	Jena
2	William Hicks	5452	B. S.	Über einen Fall von Desmotropie beim Thiobisacetessigester.	I. Univ.-Lab.	Knorr	Jena
3	Max Jahr	4238	R.-G.	Über bicyclische Alkoholbasen mit Brückenbindung.	I. Univ.-Lab.	Rabe	Jena

Universität Jena. Fortsetzung.

Laufende No.	Name des Promovierten	No. des Verbands-zeugnisses	Vor-bildung	Titel der Dissertation	Bezeichnung des Laboratoriums	Name des Dozenten, welcher die Arbeit geleitet hat	Ort der Promotion ev. Fehlanzeige
4	**Ernst Ackermann**	218	G.	Beiträge zur Kenntnis des Cinchonins u. Hydrocinchonins.	I. Univ.-Lab.	Rabe	Jena
5	**Fritz Braasch**	2250	R.-G.	Zur Kenntnis der Umlagerung von Chinaalkaloiden in Chinatoxine.			
6	**Clemens Grimme**	5451	Ap. I	Beiträge zur Kenntnis des Kodeins und seiner Isomeren.		Knorr	
7	**Ferdinand Preußer**	5050	Ap. I	Über secundäre symmetrische Hydrazine der Fettreihe.			
8	**Richard Hercher**	2240	G.	Über das Verhalten des Diazobenzolimid gegen Carven, Menthen und α-Naphtochinon.		Wolff	
9	**Rudolf Wäntig**	5351	R.-G.	Über Desoxykodein und Desoxydihydrokodein.		Knorr	
10	**Alfred Oppé**	2245	O.-R.-Sch.	Zur Kenntnis des Morphins und seiner Isomeren.			
11	**Otto Rohdich**	779	G.	Über Kakao.	Institut f. Pharmazie und Nahrungsmittelchemie d. Univ.	Matthes	
12	**Otto Hübner**	4047	Ap. I	Über die Einwirkung von Halogen auf Morphinderivate.	Inst. f. techn. Chemie	Vongerichten	

Technische Hochschule Karlsruhe.

Laufende No.	Name des Promovierten	No. des Verbands-zeugnisses	Vor-bildung	Titel der Dissertation	Bezeichnung des Laboratoriums	Name des Dozenten, welcher die Arbeit geleitet hat	Ort der Promotion ev. Fehlanzeige
1	**Max Schohl**	5419	Ind.-Sch.	Über Fulvenperoxyde, ein Beitrag zur Kenntnis der Autoxydation	Chem. Inst.	Engler	Karlsruhe
2	**Paul Wöhler**	4109	R.-G.	Die katalytische Wirksamkeit des Chromoxyds und Kupferoxyds im Schwefelsäureprozeß.	Physik. chem. Inst.	Haber	
3	**Walter Witzmann**	6292	R.-G.	Über die Oxyde des Iridiums.	Chem. Inst.	Engler	

4	Joseph Adler	5401	G.	Zur Theorie der Gerbung.	Chem. Inst.	Engler	Karlsruhe
5	Rudolf Albrecht	5417	R.-G.	Über den Ursprung der optischen Aktivität des Erdöls.	Chem. Inst.	Engler	Karlsruhe
6	Adolf Koenig	4108	G.	Über die Oxydation des Stickstoffs im gekühlten Hochspannungsbogen bei Minderdruck.	Physik. chem. Inst.	Haber	Karlsruhe
7	Werner Neovius	4508	Reife-Zeugnis des finnischen Kadettenkorps	Versuche zur Darstellung von Diphtaloylcarbazolen. Über zwei neue Reduktionsprodukte des Flavanthrens.	Chem. Inst.	Engler	Karlsruhe
8	Werner Plüddemann	6285	G.	I. Beitrag zur Aufklärung des Schwefelsäurekontaktprozesses. — II. Eine neue Methode zur Tensionsbestimmung von Sulfaten.	Chem. Inst.	Engler	Karlsruhe
9	Christian Seer	4491	R.-G.	Versuche zur Einführung mehrerer Phtalsäurereste in aromatische Verbindungen und zur Darstellung neuer Küpenfarbstoffe der Anthracenreihe.	Chem. Inst.	Engler	Karlsruhe
10	Philipp Stegmüller	4497	G.	Beitrag zur Kenntnis der Bildungswärme von Jodwasserstoff aus den Elementen.	Physik. chem. Inst.	Haber	Karlsruhe

Universität Kiel.

1	Johannes Oldekop	4925	O.-R.-Sch.	Zur Kenntnis der α, β-ungesättigten Ketone.	Chem. Univ.-Lab. Kiel	C. Harries	Kiel
2	Heinrich Neresheimer	4851	R.-G.	Über die Einwirkung des Ozons auf Verbindungen der hydroaromatischen und Terpenreihe.	Chem. Univ.-Lab. Kiel	C. Harries	Kiel
3	Arthur Schütt	3791	O.-R.-Sch.	Über die Synthese der Acetondipropionsäure und ihre innere Kondensation.	Chem. Univ.-Lab. Kiel	C. Harries	Kiel
4	Karl Kircher	3867	O.-R.-Sch.	Über die Benzallaevulinsäuren und die Oxydation der β-Benzallaevulinsäure durch Ozon.	Chem. Univ.-Lab. Kiel	C. Harries	Kiel
5	Otto Gottlob	fehlt	G. (Brünn) Dipl.-Ing. Karlsruhe	Über die Einwirkung der salpetrigen Säure auf Kautschuk. — Über Ozonide verschiedener Kautschukarten.	Chem. Univ.-Lab. Kiel	C. Harries	Kiel

Universität Kiel. Fortsetzung.

Laufende No.	Name des Promovierten	No. des Verbands-zeugnisses	Vorbildung	Titel der Dissertation	Bezeichnung des Laboratoriums	Name des Dozenten, welcher die Arbeit geleitet hat	Ort der Promotion ev. Fehlanzeige
6	**Hermann Schmidt**	3795	G.	Über as. Phenylhydrazinoessigester. Ein Beitrag zur Kenntnis der sterischen Hinderung.	Chem. Univ.-Lab. Kiel	C. Harries	Kiel
7	**Hunold Edlefsen**	4852	G.	Über die Chlorierung und Bromierung des Diphenylimidazolons.	Chem. Univ.-Lab. Kiel	H. Biltz	Kiel
8	**August Baudrexel**	4860	G.	Über stereochemische Untersuchungen in der Piperidinreihe. Über Semicarbzone und Phenylhydrazone der cyclischen Acetonbasen.	Chem. Univ.-Lab. Kiel	C. Harries	Kiel
9	**Paul Hohenemser**	4967	G.	Über den monomolekularen Succindialdehyd und einige neue Derivate desselben	Chem. Univ.-Lab. Kiel	C. Harries	Kiel
10	**Arnold Rathje**	4855	R.-G. Ib Ap.	Neue Untersuchungen der Fette von Lycopodium, Secale cornutum, Semen Arecae und Semen Aleuritis cordatae sowie der brasilianischen Pflanzenmilch Amapa.	Pharmazeut. Inst. d. Univ. Straßburg u. Chem. Univ.-Lab Kiel	Ed. Schaer	Straßburg

Universität Königsberg.

Laufende No.	Name des Promovierten	No. des Verbands-zeugnisses	Vorbildung	Titel der Dissertation	Bezeichnung des Laboratoriums	Name des Dozenten, welcher die Arbeit geleitet hat	Ort der Promotion ev. Fehlanzeige
1	**Ernst Merres**	3431	G.	Untersuchungen über die Wirkung der Enzyme der Pankreasdrüse und der Magenschleimhaut auf vegetabilische Eiweißstoffe.	Agrikultur-chem. Institut	Stutzer	Königsberg
2	**Leopold Seidler**	3429	G.	Untersuchungen über die durch Hafer in den einzelnen Vegetationsperioden bewirkte Aufnahme und Abgabe von Nährstoffen.	Agrikultur-chem. Institut	Stutzer	Königsberg

Universität Leipzig.

1	**Willy Keding**	3989	Ap. I	Photochemische und optische Untersuchungen über die Fulgidgruppe, insbesondere über Diphenylfulgid und seine Photoanhydride.		Stobbe	
2	**Herm. Kretzschmar**	4627	G.	Physikalische und chemische Isomerie einiger Fulgide und ihrer Photoanhydride.		Stobbe	
3	**Max Vogel**	3986	R.-G.	Einwirkung von Schwefelsesquioxyd auf Diaminodiorthotolylmethan und Diaethyldiaminodiphenylmethan.		Rassow	
4	**Jacob Oechslin**	4630	G.	Über isomere gelbe und rote Nitraniline.		Hantzsch	
5	**Erich Borchers**	4626	Gew.-Ak.	Über verschiedenfarbige Salze aus Dinitrokörpern und Nitrophenolen.		Hantzsch	
6	**Friedrich Bergius**	4406	R.-G. Ab.	Über absolute Schwefelsäure als Lösungsmittel.		Hantzsch	
7	**Kurt H. Meyer**	3864	G. Ab.	Untersuchungen über Halochromie.		Hantzsch	
8	**Nicolai Rosanoff**	5344	G.	Über Isomerie bei Nitrophenolsalzen.	Chem. Laboratorium der Univ. Leipzig	Hantzsch	Leipzig
9	**Walther Hoffmann**	3748	O.-R.-Sch.	Über halogensubstituierte Diaminodiphenylmethane und ihre Reaktion mit Schwefelsesquioxyd.		Rassow	
10	**Israel Zortman**	4641	B. S.	Beziehungen zwischen Körperfarbe und Konstitution bei Diketohydrindenderivaten.		Hantzsch	
11	**Kurt Meisenburg**	5347	O.-R.-Sch.	Nachweis chemischer Änderungen durch Molekularrefraktion.		Hantzsch	
12	**Wilhelm Kemmerich**	4481	G.	Über polychrome Salze und Ester aus Oximidoketonen.		Hantzsch	
13	**Richard Härtel**	4631	Ap. I	Über Farbe, Phototropie und Isomerie von Fulgiden und Ketopentadiënverbindungen.		Stobbe	
14	**Fritz Müller**	4628	Ap. I	Über Metallsalz bildende Imidbasen und über auffällige Fluorezcenzerscheinungen bei Pikramidverbindungen.		Ley	

Universität Leipzig. Fortsetzung.

Laufende No.	Name des Promovierten	No. des Verbands-zeugnisses	Vorbildung	Titel der Dissertation	Bezeichnung des Laboratoriums	Name des Dozenten, welcher die Arbeit geleitet hat	Ort der Promotion ev. Fehlanzeige
15	**Heinrich Sander**	4632	G.	Bestimmung der Gleichgewichtsänderungen der desmotropen Formen des Acetylacetons, Methylacetylacetons und Acetessigesters mit Hilfe der inneren Reibung und der Eisenchloridreaktion.	Chem. Laboratorium der Univ. Leipzig	Stobbe	Leipzig
16	**Hermann Eyssen**	5352	O.-R.-Sch.	Entstehen Imide oder Isoimide aus Aethoxycumalindicarbonsäureester und Ammoniak.	Chem. Laboratorium der Univ. Leipzig	Guthzeit	Leipzig
17	**Georg Kornagel**	4616	R.-G.	Über Salz- und Komplexsalz-Bildung bei Aminosäuren und verwandten Verbindungen.	Chem. Laboratorium der Univ. Leipzig	Ley	Leipzig
1	**W. Dietz**	4201	O.-R.-Sch. Ab.	Über eine umkehrbare Fermentreaktion im heterogenen System. (Esterbildung und Esterverseifung).	Physikal.-chem. Institut	Bodenstein	Leipzig
2	**W. Pollatz**	2946	G. Ab.	Über die quantitative Bestimmbarkeit des Bleis als Bleioxalat.	Physikal.-chem. Institut	Böttger	Leipzig
3	**A. Ritzel**	4202	G. Ab.	Gaslöslichkeit, Kompressibilität und Oberflächenspannung.	Physikal.-chem. Institut	Drucker Freundlich	Leipzig
4	**Mc. Dougall**	5168	M. A.	Die Reaktion zwischen Chlorsäure und Salzsäure.	Physikal.-chem. Institut	Luther	Leipzig
5	**B. Kršnjavi**	3984	R.-G. Ab.	Die Überführungszahl des Wasserstoffions in verdünnter Salzsäure.	Physikal.-chem. Institut	Luther Drucker	Leipzig
6	**Friedr. Meinecke**	4541	G. Ab.	Räumliche Fortpflanzung chemischer Reaktionen.	Physikal.-chem. Institut	Luther	Leipzig
7	**G. Stern**	2711	R.-G. Ab.	Untersuchung über die Methoden zur Temperatur- und Wärmemessung bei höheren Temperaturen und die Bestimmung des Molekulargewichts von Salzen, die in geschmolzenem Kaliumnitrat gelöst sind.	Physikal.-chem. Institut		Leipzig

1	Fritz Junker	4292	G. IIa Ap. I	Molekulargewichte anorganischer Stoffe in Lösungen.	Laboratorium für angewandte Chemie.	E. Beckmann	Leipzig
2	Heinrich Meyer	3591	R.-G. Ab.	I. Über Fluorescëin und die Nichtexistenz des β-Dinitro-p-dibrombenzols. II. Über Derivate des Orthonitromandelsäurenitrils.		G. Heller	
3	Paul Brandt	3850	R.-G. Ab.	Beiträge zur Kenntnis der N-Alkyloxime.		J. Scheiber	
4	Otto Noetzel	5118	R.-G. IIa Ap. I	I. Über die Farbenerscheinung der alkalischen Isatinlösung. II. Über die Konstitution des Anthranils.		G. Heller	
5	Ernst Weiniger	3843	G. Ab.	I. Synthetische Versuche mit aliphatischen Ketosäuren. II. Einwirkung von Halogenen und Halogenwasserstoffen auf Phenylhydrazin.		G. Lockemann	
6	Martin Paucke	5108	R.-G. IIa Ap. I	Beiträge zum Nachweis von Arsen.		G. Lockemann	
7	Arnold Lewinsohn	5120	R.-G. IIa Ap. I	Beiträge zur Kenntnis der Sesquiterpene.		E. Deußen	
1	Edmund Hitschmann	3845	Staatsgew.-Sch. in Reichenberg i. B. Ab.	Zur Kenntnis der Trypsinfibrinpeptone.	Chemische Abt. des physiol. Institut	M. Siegfried	
2	Hans Mark	2398	Staatsgew.-Sch. in Reichenberg i. B. Ab.	Über das Jecorin.			
3	Rudolf Adler	2396	Staatsgew.-Sch. in Reichenberg i. B. Ab.	Die Heteroalbumose und Protoalbumose des Fibrins.			

Universität Marburg.

1	Robert Lohmeyer	3533	O.-R.-Sch. Reifez.	Untersuchungen über die Gradation von Bromsilber - Gelatine - Trockenplatten unter dem Einfluß von Lichtstrahlen verschiedener Wellenlänge.	—	Miethe	Marburg

Universität Marburg. Fortsetzung.

Laufende No.	Name des Promovierten	No. des Verbands-zeugnisses	Vorbildung	Titel der Dissertation	Bezeichnung des Laboratoriums	Name des Dozenten, welcher die Arbeit geleitet hat	Ort der Promotion ev. Fehlanzeige
2	**Karl Gebhard**	4263	R.-G. Reifez.	Untersuchungen über die Einwirkung des Lichtes auf Farbstoffe.	Chem. und physik. Institut	C. Schaum	Marburg
3	**Wilhelm Glahn**	3851	R.-G. Reifez.	Über Versuche zur Darstellung chinoïder Schwefelverbindungen.	Chemisches Institut	Zincke	
4	**Georg Fickewirt**	3870	G. Reifez.	Beiträge zur Kenntnis der Cumarine.		K. Fries	
1	**Wilmar Schwabe**	4989	G. Ab.	Beiträge zur Kenntnis der Homologen des Coffeins, sowie des Pseudotheobromins.	Pharmaz.-chem. Inst.	E. Schmidt	
2	**Carl Seegers**	4990	R.-G. Ab.	Über den Aufbau neuer Indikatoren.		E. Rupp	
3	**Martin Schenk**	4988	G. Ab.	Über methylierte Guanidine und andere Guanidinderivate.		E. Schmidt	

Universität München.

Laufende No.	Name des Promovierten	No. des Verbands-zeugnisses	Vorbildung	Titel der Dissertation	Bezeichnung des Laboratoriums	Name des Dozenten, welcher die Arbeit geleitet hat	Ort der Promotion ev. Fehlanzeige
1	**Ludwig Conrad**	4023	Ap.	Über die N-Methylolverbindungen der Amide der Guajacol-Thymol-Eugenol- und Isoeugenolessigsäure und Beiträge zur Kenntnis des Eugenols.	Chem. Lab. d. Staates	A. Einhorn	München
2	**Max Benz**	3074	Ap.	Über Chinonazin und Azophenol.	Chem. Lab. d. Staates u. Lab. d. Polytechnikums in Zürich	v. Baeyer Prof. Willstätter, Zürich	
3	**Alphons v. Bentheim**	3058	G.	Über methylierte Aminotriphenylcarbinole	Chem. Lab. d. Stataes	v. Baeyer	
4	**Ludwig Beek**	4022	G.	Über Farbstoffe aus Furfurol und einige ungesättigte 1,5 Dicarbonylverbindungen.		Dieckmann	
5	**Hugo Bauer**	4008	G.	Zur Kenntnis aliphatischer Azo-, Azoxy- und Nitrosoverbindungen.		Wieland	

6	Hans Stenzl	3059	G.	Über die Addition der höheren Stickstoffoxyde an doppeltungesättigte Kohlenwasserstoffe.	Chem. Lab. d. Staates	Wieland	München
7	Leopold Semper	3069	G.	Zur Kenntnis der Glyoximperoxyde.		Wieland	
8	Charles Watson Moore	fehlt	Bachelor, Manchester	Über Emeraldin und Anilinschwarz.	Chem. Lab. d. Polytechnik. i. Zürich	Willstätter	
9	Ferdinand Hocheder	3065	G.	Über die Einwirkung von Säuren und Alkalien auf Chlorophyll.	Chem. Lab. d. Staates u. d. Polytechnikums in Zürich	Willstätter	
10	Alexander Hamburger	3075	G.	N-Methylolverbindungen einiger aliphatischer Säureamide, insbesondere des Harnstoffs.	Chem. Lab. d. Staates	Einhorn	
11	Stephan Gambaroff	4010	G.	Über Tetraphenylhydrazin und Diarylhydroxylamine.		Wieland	
12	Richard Feibelmann	4019	O.-R.	Die N-Methylolverbindungen einiger Oxysäureamide und über Derivate der p Chinolincarbonsäure und Camphocarbonsäure.		Einhorn	
13	Hans Aickelin	4044	O.-R.	Über Oxytriazol-, Triphenylmethan- und Xanthon-Verbindungen.		Dimroth Baeyer	
14	Jakob Parnas	3970	G.	Über Naphtochinone.	Lab. d. Techn. Hochschule Zürich	Willstätter	
1	Alfred Heiduschka	1473	R.-G. Dr. Ing.	Versuche zur Aufklärung des Schmelzprozesses, bei dem die Amidodiarylsulfide und die vom pharmazeutisch-chemischen Standpunkte wichtigen Oxydiarylsulfide entstehen.	Lab. f. angew. Chemie d. Univ. München	Selbständig	
2	Gustav Quincke	4270	Ap. I	Studie über die Säuren und den Alkohol im Wein u. ihre quantitative Bestimmung.		B. Pfyl A. Heiduschka	
3	Hans Murschhauser	4262	Ap. I	Über das Spratzen der sauren Vanadate einwertiger Metalle.		W. Prandtl	
4	Otto Herb	4265	Ap. II	Über die 2,4-Dioxytriphenylessigsäurelaktonsulfosäure und ihre Salze.		H. v. Liebig	

Technische Hochschule München.

Laufende No.	Name des Promovierten	No. des Verbandszeugnisses	Vorbildung	Titel der Dissertation	Bezeichnung des Laboratoriums	Name des Dozenten, welcher die Arbeit geleitet hat	Ort der Promotion ev. Fehlanzeige
1	**Salomon Gutmann**	D.[1])	Ind.-Sch.	Über die Einwirkung von Aminen auf die Chinonsulfosäure, Beiträge zur Kenntnis derselben.	Chem.-techn. Lab.	Schultz	München
2	**Emil Scheller**	L.	Ind.-Sch.	Über die Kondensation von Propylenbromid mit Natriumacetessigester.	Organ. Lab.	Lipp	
3	**Fritz Baumann**	D.	Ind.-Sch.	Die quantitative Bestimmung des Arsens als Arsentrisulfid.	Anorgan.-chem.Lab.	Muthmann	
4	**Alfred Martin**	D.	Ind.-Sch.	Über die Darstellung von metallischem Wolfram.	Anorgan.-chem.Lab.	Muthmann	
5	**Harbord Mitscherlich**	D.	O.-R.-Sch.	Die Darstellung flüssiger und fester Chloride in der Wechselstrom-Hochspannungsflamme.	Anorgan.-chem. Lab.	Muthmann	
6	**Adolf Schäffer**	D.	O.-R.-Sch.	Über die Einwirkung von konz. Schwefelsäure auf Chinolin bei höherer Temp. und Gegenwart von Quecksilbersulfat.	Organ. Lab.	Lipp	
7	**Fritz Uebelhör**	D.	Ind.-Sch.	Vergleichende Untersuchungen über die gewichtsanalytischen Bestimmungen des Kobalts.	Anorgan.-chem. Lab.	Muthmann	
8	**Eugen Herzfeld**	D.	G.	Beiträge zur Kenntnis des Pseudocumols.	Chem.-techn. Lab.	Schultz	
9	**Fritz Höhn**	D.	Ind.-Sch.	Untersuchungen über Wasserstoffpersulfid			
10	**Heinrich Schieder**	D.	G.	Die quantitative Bestimmung des Antimons als Antimontrisulfid.	Anorgan.-chem. Lab.	Muthmannn	
11	**Christian Wirth**	D.	Ind.-Sch.	Untersuchungen über die Bestimmung der diastatischen Kraft des Malzes und Malzextrakten.	Gärungschem. Lab.	Lintner	
12	**Julius Dachs**	D.	R.-Sch.	Beiträge zur Kenntnis der Torulaceen.	Gärungschem. Lab.	Lintner	
13	**Paul Faehr**	D.	Kantons-Sch.	Über die Reduktion der Metalloxyde der Chromgruppe mittels Wasserstoff in der Hochspannungsflamme.	Anorgan.-chem. Lab.	Muthmann	

[1]) Die Kandidaten, denen kein Verbandszeugnis ausgestellt worden ist, haben das Diplomexamen (D.) oder die Lehramtsprüfung (L.) abgelegt.

Universität Münster i. W.

1	Heinrich Roemer	4575	O.-R.-Sch.	Bestimmung der Basizität durch Titration mittels Leitfähigkeitsmessung mit besonderer Berücksichtigung hydroxylhaltiger aromatischer Verbindungen.	Chem. Inst. Münster	Thiel	Münster i W.
2	Eduard Dinslage	4307	G. Ap. I	Zur Elektroanalyse des Kupfers.	Chem. Inst. Münster	Thiel	Münster i W.
3	Alex. Diedrichs	4306	R.-G.	Studien zur Bestimmung des Silbers auf elektrochemischem Wege.	Chem. Inst. Münster	Thiel	Münster i W.
4	Egon Rosenberg	4437	O.-R.-Sch.	Über Bildung und Zersetzung von Fetten in der Natur. Zugleich ein Beitrag zur Lehre von der Eiweißfäulnis und der Entstehung des Erdöles.	Chem. Abt. d. Pathologischen Inst. d. Univ. Berlin	Neuberg	Münster i W.

Universität Rostock.

1	Hans Bressel	2122	G. Ib	Über das 1-Phenyl 3-methyl-4-amino 5-chlorpyrazol.	Univ. Rostock	Michaelis	Rostock
2	Georg Mieleke	3220	R.-G. Ib	Über das Äthyl-, Propyl- und Benzyl-Anilopyrin.	Univ. Rostock	Michaelis	Rostock
3	Thilo Mühlberg	4436	R.-G. IIa Ap. I	Über Alkyl Lutidono phenylpyrazolone und Derivate derselben.	Univ. Rostock	Michaelis	Rostock
4	Alfred Stiegler	5833	G. IIa Ap.	Über im Phenylrest substituierte Phenylmethyl 3-Pyrazolone.	Univ. Rostock	Michaelis	Rostock
5	Claus Decker	3883	G. IIa Ap. I	Zur Kenntnis phenylierter und methylphenylierter Cumarone.	Univ. Rostock	Stoermer	Rostock
6	Richard Gesing	5160	G. Ab.	Über 1 Nitrophenylanilopyrine und deren Derivate.	Univ. Rostock	Michaelis	Rostock
7	Adolf Wendel	4103	G. Ab.	Zur Kenntnis der Leucinfraktion des Eiweißes.	Inst. f. Zucker-Ind. Berlin	Privatdozent Dr. F. Ehrlich	Rostock
8	Felix Doepmann	4438	R.-G. IIa Ap. I	Über die Einwirkung von höheren aromatischen Aminen und von Diaminen auf Antipyrinchlorid.	Univ. Eostock	Michaelis	Rostock

Universität Rostock. Fortsetzung.

Laufende No.	Name des Promovierten	No. des Verbands-zeugnisses	Vorbildung	Titel der Dissertation	Bezeichnung des Laboratoriums	Name des Dozenten, welcher die Arbeit geleitet hat	Ort der Promotion ev. Fehlanzeige
9	**Erich Wurl**	1525	G. I a	Über die Einwirkung von Halogenanilinen und Nitrotoluidinen auf Anlipyrinchlorid.		Michaelis	
10	**Josef Halberkann**	4542	G. II a Ap I	Abwandlungen des 1-Nitro- und des 1-Nitro-2-Bromcumarons.		Stoermer	
11	**Walter Graff**	4984	G. II a Ap.	Über Nitro- und Amidoderivate des Antipyrins und Thiopyrins.	Univ. Rostock		
12	**Erich Weber**	1899	G. Ab.	Über einige Derivate des 3 Anti- und des 3 Thiopyrins.			Rostock
13	**August Lachwitz**	5158	R-G. II a Ap.	Über die Pyrine des 1,3 Dimethylpyrazolons.		Michaelis	
14	**Hermann Gerber**	5826	Pr.-G. Ab. Ap. I	Über das 1 Phenyl 3 methyl-4-azo-p. phenetidin-5 pyrazolon.			
15	**Karl Beer**	798	R.-G. Ab.	Über Trioxydihydromethyluracil.	Organ.-chem. Lab. d. techn. Hochschule z. Hannover	Behrend	

Universität Strassburg.

1	**Theodor Simon**	3517	G.	Über die Reduktion aromat. Nitroverbindungen in saurer Lösung.	Univ. Straßburg und Lab. of the Royal Institution London	Dr. Flurscheim	
2	**Jacob Schöllkopf**	4814	B. A.	Über Isophtalaldehyd u. 5-Nitroisophtalaldehyd.		Thiele	Straßburg
3	**Helmut Klever**	3886	G.	Über Dimethylketen.	Univ. Straßburg	Dr. Staudinger	
4	**Laurence Pumpelly**	4815	B. A.	Über Benzoylen- u. Benzylen-benzimidazol.		Thiele	

5	Theodor Goldschmidt	4026	G.	Über kathodische Metallzerstäubung in verdünnten Gasen.	Univ. Straßburg	Kohlschütter	Straßburg
6	Carl Muffat	3514	R.-G.	Beiträge zum Zusammenhang zwischen chemischer Konstitution und Lumineszenzvermögen organischer Verbindungen.		Straus	

Technische Hochschule Stuttgart.

1	Robert Mezger	5902	O.-R.-Sch. Ab.	Beiträge zur Chemie des Phenanthrens und Fluorens.	Lab. für reine und pharm. Chemie	Prof. Dr. J. Schmidt	Stuttgart
2	Willy Franck	5897	O.-R.-Sch. Ab.	Über sterische Hinderung bei Derivaten des Nitroresorcindimethyläthers.		Prof. Dr. Hugo Kauffmann	
3	Hans Moser	5903	O.-R.-Sch. Ab.	Über die Addition von Brom an Stilben, Methylstilben, Benzalmalonester und seine Derivate.		Prof. Dr. Hell Dr. Hugo Bauer	

Universität Tübingen.

1	Fritz Klatte	4953	R.-G. IIb abs. Ap. I	Über den Benzoylacetonoxalester.	Chem. Univ.-Labor. Tübingen	W. Wislicenus	Tübingen
2	Hugo Kühl	4598	Ap. I	I. Über Verbindungen von Stannisulfat, Titansulfat, Antimonsulfat mit Metallsulfaten. II. Über Verbindungen von Sulfaten mit Molybdänaten.		R. Weinland	
3	Emil Klemann	776	Ap. I	Zur Kenntnis der am Stickstoffatom heterocyclischer Verbindungen hängenden Amidogruppe.		K. Bülow	
4	Otto Wedekind	4033	O.-R.-Sch.	Beiträge zur Kenntnis der Isomerieverhältnisse des asymmetrischen Stickstoffs.		E. Wedekind	

Universität Tübingen. Fortsetzung.

Laufende No.	Name des Promovierten	No. des Verbandszeugnisses	Vorbildung	Titel der Dissertation	Bezeichnung des Laboratoriums	Name des Dozenten, welcher die Arbeit geleitet hat	Ort der Promotion ev. Fehlanzeige
5	Ludwig Storz	4775	Ap. I	Über chlorierte und bromierte Niobate und über chlorierte Tantalate.	Chem. Univ.-Labor. Tübingen	R. Weinland	Tübingen
6	Kurt Bode	2685	Ap. I	Untersuchungen über den Hauptbestandteil des ostindischen Sandelholzöls »Santalol«	I. Chem. Univ.-Lab. Berlin	F. W. Semmler	Tübingen
7	Paul Hermann Lawczeck	3024	Ap. I	Über Thiopyrrolidon.	Chem. Univ.-Labor. Würzburg	J. Tafel	Tübingen
8	Heinrich Elvert	4781	Ap. I	Das p-Bromphenyl-isonitroacetonitril und seine Abkömmlinge.	Chem. Univ.-Labor. Tübingen	W. Wislicenus	Tübingen
9	Daniel Schenk	4782	Ap. I	Über das Verhalten von starken Tertiärbasen und von Organomagnesiumverbindungen gegen Sulfochloride.	Chem. Univ.-Labor. Tübingen	E. Wedekind	Tübingen
10	Hermann Schmachtenberg	4532	Ap. I	Beiträge zur Kenntnis des Diazobenzolperbromids und einiger seiner Kuppelungsprodukte mit 3-Methyl-4-anilinazo-pyrazolon.	Chem. Univ.-Labor. Tübingen	K. Bülow	Tübingen
11	Theodor Schumann	4785	Ap. I	Über Chromi-aquo-verbindungen.	Chem. Univ.-Labor. Tübingen	R. Weinland	Tübingen
12	Friedrich Schaub	4606	Ap. I	Über 3-Methylpyrazolonabkömmlinge mit einem am N-1 hängenden Säurerest und ihre Darstellung aus den entsprechenden Acetessigester - (acidylhydrazon) - derivaten.	Chem. Univ.-Labor. Tübingen	K Bülow	Tübingen

Universität Würzburg.

Laufende No.	Name des Promovierten	No. des Verbandszeugnisses	Vorbildung	Titel der Dissertation	Bezeichnung des Laboratoriums	Name des Dozenten, welcher die Arbeit geleitet hat	Ort der Promotion ev. Fehlanzeige
1	Hans Hahl	2991	R.-G. abs.	Elektrolytische Reduktion des Benzylacetessigesters.	Chem. Inst. d. K. Univ. Würzburg	Tafel	Würzburg
2	Alfred Duttenhöfer	4715	G. abs.	Über aromatische Sulfine	Chem. Lab. d. Univ. Genf	Kehrmann	Würzburg

3	Kurt Zimmermann	2998	R.-G. abs.	Zur Kenntnis der Cumarine.	Chem. Inst. d. K. Univ. Würzburg	Manchot	Würzburg
4	Anton Flucke	2982	G. abs.	Über die Einwirkung von Schwefelammonium auf aromatische Carbonylverbindungen.		Manchot	
5	Rudolf Mayer	2984	O.-R.-Sch. abs.	Die Hydrolyse der Xanthine und Desoxyxanthine.		Tafel	
6	Herbert Bryan Thompson	5123	M. S.	Über die elektrolytische Reduktion der Aethylbarbitur-Säuren.		Tafel	
7	J. Newton Friend	5137	B. S. M. S.	Über die Cuproverbindungen des Kohlenoxyds und die Ferroverbindungen des Stickoxyds.		Manchot	
8	Wilhelm Jürgens	2995	G. abs.	Über die elektrolytische Reduktion von Acetessigestern zu Kohlenwasserstoffen.		Tafel	
1	August Gompf	2985	R.-G. Ab.	Über Zitronensäure und einige Methoden zum qualit. Nachweise und zur quantit. Bestimmung derselben.	Pharmaz. Inst. u. Lab f. angew. Chemie	Medicus	

I.

Übersicht über die Promotionen.

Die Zahlen unter:

I. beziehen sich auf Promovierte **mit** Verbandszeugnis,
II. » » » » **ohne** » aber **mit** einer gleich- oder höherwertigen Prüfung,
III. » » » » **ohne** » und **ohne** gleich- oder höherwertige Prüfung,
IV. » » » » bei denen es nicht feststeht, ob nur die Nummer des Zeugnisses nicht zu ermitteln war, oder ob die Verbandsprüfung nicht abgelegt worden ist.
V. sind die Summen von I—IV.

Ort	Charakter der Hochschule	Bezeichnung des Laboratoriums	I.	II.	III.	IV.	V.
Aachen	Technische Hochschule	Org. Lab.	1	—	—	—	1
Berlin	Universität	I. Ch. Lab.	26	1	2	—	29
Berlin	»	Ph.-Ch. Inst.	3	—	—	—	3
Berlin	»	Technol. Inst.	2	—	—	—	2
Berlin	Technische Hochschule	Anorg. Lab	3	—	—	—	3
Berlin	» »	Org. Lab.	6	—	—	—	6
Berlin	» »	El.-Ch. Lab.	5	—	—	—	5
Berlin	» »	Techn.-Ch. Lab.	1	(1) [1]	—	—	1+(1)
Berlin	Landwirtsch. Hochschule	Ch. Lab.	2	—	—	—	2
Bonn	Universität	Ch. Lab.	10	—	1	—	11
Breslau	»	Ch. Inst.	7	—	—	—	7
Breslau	»	Landw.-techn. Inst.	1	—	—	—	1
Dresden	Technische Hochschule	Ch. Labb.	9	2+(2)	—	—	11+(2)
Erlangen	Universität	Ch. Lab.	10	—	—	1	11
Erlangen	»	Pharm.-Ch. Inst.	5	—	—	—	5
Freiburg	»	Ch. Lab. (philos. Abt.)	16	—	—	—	16
Freiburg	»	Ch. Lab. (med. Abt.)	4	—	—	—	4
Gießen	»	Ch. Lab.	4	—	—	—	4
Gießen	»	Ph.-Ch. Inst.	3	—	—	—	3
Göttingen	»	Allg. Ch. Lab.	15	—	—	—	15

Göttingen	Universität	Anorg.-Ch. u. Ph.-Ch. Inst.	8	1	—	—	9
Göttingen	»	Agrik.-ch. Lab.	1	—	—	—	1
Greifswald	»	Ch. Inst.	5	—	—	—	5
Halle	»	Ch. Inst.	7	—	—	—	7
Hannover	Technische Hochschule	Org.-Ch. Lab.	1	—	—	—	1
Heidelberg	Universität	Ch. Labb.	24	—	—	—	24
Jena	»	Ch. Labb.	12	—	—	—	12
Karlsruhe	Technische Hochschule	Ch. Labb.	10	—	—	—	10
Kiel	Universität	Ch. Lab.	9	1	—	—	10
Königsberg	»	Agrikult.-chem. Inst.	2	—	—	—	2
Leipzig	»	Ch. Lab.	17	—	—	—	17
Leipzig	»	Ph.-Ch. Inst.	7	—	—	—	7
Leipzig	»	Lab. f. angew. Ch.	7	—	—	—	7
Leipzig	»	Ch. Lab. d. physiol. Inst.	3	—	—	—	3
Marburg	»	Ch. Inst.	4	—	—	—	4
Marburg	»	Pharm.-Ch. Inst.	3	—	—	—	3
München	»	Lab. des Staates	13	1	—	—	14
München	»	Lab. f. angew. Ch.	4	—	—	—	4
München	Technische Hochschule	Ch. Labb.	—	13	—	—	13
Münster	Universität	Ch. Inst.	4	—	—	—	4
Rostock	»	Ch. Lab.	15	—	—	—	15
Straßburg	»	Ch. Lab.	6	—	—	—	6
Stuttgart	Technische Hochschule	Lab. f. reine u. pharm. Ch.	3	—	—	—	3
Tübingen	Universität	Ch. Lab.	12	—	—	—	12
Würzburg	»	Ch. Inst.	8	—	—	—	8
Würzburg	»	Pharm. Inst.	1	—	—	—	1
			319	19+(3)	3	1	342+(3)

[1]) Die eingeklammerten Zahlen beziehen sich auf Promotionen an ausländischen Hochschulen.

K.

Alphabetisches Verzeichnis der Kandidaten.

E bezieht sich auf Ergänzungsprüfung.
P „ „ „ Promotion.
V „ „ „ Verbandsprüfung.

Abel, Curt 55. P.
Aschenbach, Fritz 34. V.
Ackermann, Anton 35. V.
Ackermann, Ernst 40. E., 56. P.
Ackermann, Fritz 55. P.
Adler, Joseph 57. P.
Adler, Rudolf 61. P.
Aickelin, Hans 63. P.
Albrecht, Rud. 57. P.
Alders, Herm. 15. V.
Alefeld, Ernst 29. V.
Alexander, Thomas J. R. 37 V.
v. Allwörden, Kl. Rich. 18. V.
Alm, Bruno 21. V.
Ambronn, Curt 30. V.
Ammann, Karl 22. V.
Anders, H. Gerh. 47. P.
André, Rich. 34. V.
Angeloff, Panajot 28. V.
v. Antropoff, Andr. 55. P.
Ardan, Alex. 28. V.
Arnold, Christ. 25. V.
Arnold, Hans R. 43. P.
Auerbach, Josef 35. V.
Autin, Emil 35. V.

Baaz, Nikolaus 25. V.
Bärwinkel, Hans 25. V.
v. Bagh, Alex. 41. E.
Balling, Andr. 35. V.
Bardelli, Romano 18. V.
Bart, Heinrich 32. V.
Bauer, Hugo 62. P.
Baudrexel, Aug. 58. P.
Baumann, Fritz 64. P.
Baumann, Julius 31. V.
Baumann, Oskar 17. V.
Baumgarth, Rob. 53. P.
Baumhauer, Heinr. 50. P.
Bayer, Rich. 22. V.
Beck, Ludw. 62. P.
Becker, Hans 53. P.
Becker, Wilh. 28. V.
Beer, Karl 54. P., 66 P.
Behmer, Curt 32. V.
Behrens, Otto 29. V.
Beisenherz, Emil 28. V.
Beniers, Emil 33 V., 41. E.
v. Bentheim, Alphons 62. P.
Benz, Max 62. P.
Bercher, Josef 50. P.
Bergius, Friedr. 59. P.
Bergmann, Emil 53. P.
Bergmann, Max 33. V.
Beringer, Chr. Aug. 17. V.
Berkold, Osw. 16. V.
Bernhardi-Grißon, Rulemann 18 V.
Berthold, Erich 43. P.
Bertram, Hans 18. V.
Bigge, Karl 20. V.
Biltz, Kurt 30. V.
Blank, Kalmann 26. V.
Blankenberg, Ferd. 47. P.
Blöhbaum, Emil 27. V.
Blome, Herm. 17. V.
Blumann, Arnold 51. P.
Blumberg, Paul 15. V.
Blume, Gust. 48. P.
Blumenthal, Herbert 43. P.
Bobiloff, Wladim. 21. V.
Bockmühl, Max 41. E.
Bode, Kurt 68. P.
Böcking, Alex. 43. P.
Boedecker, Friedr. 51. P.
Böhme, Alfr. 19. V.
Boës, Walter 20. V.
Boesler, Walter 23. V.
Böttcher, Curt 31. V.
Böttcher, Willy 44. P.
Böttger, Fritz 27. V.
Borchers, Erich 59. P.
Borinski, Paul 33. V.
Bormann, Rich. 35. V.
Bornemann, Karl 41. E.
Bosselmann, Hugo 22. V.
Bossert, Erwin 23. V.
Bozenhardt, Karl 36. V.
Braasch, Fritz 56. P.
Braeutigam, Paul 35. V.
Brandt, Herm. 49. P.
Brandt, Paul 61. P.
Braunsdorf, Curt 30. V.
Bressel, Hans 65. P.
Brigl, Percy 16. V.
Brumme, Karl 21. V.
Brune, Heinr. 17. V.
Brunetti, Wlad. 43. P.
Buchner, Karl 33 V., 41. E.
Budkewicz, Eug. 45. P.
Bücking, Fritz 35 V.
Bühler, Ludw. 50. P.
Bümming, Gust. 32. V.
Bujatti, Eugen 30. V.
Bulla, Alfr. 21. V.
v. Bunge, Nik. 30. V.
Burger, Alfr. 45. P.
Burmeister, Herm. 32. V.
Burch, Henri 42. P.
Butter, Herm. 30. V.

Camper-Titsingh, Jean 52. P.
Cappel, Karl 31. V.
v. Caron, Hans 25. V.
Cassirer, Erwin 19. V.
Castaniares, Adolfo 16. V.
Chaskel, Max 21. V.
Christiansen, Chr. 22. V.
Christie, M. Graham 42. P.
Conrad, Ludw. 62. P.

Dachs, Julius 64. P.
Dahmann, Joh. 16. V.
Daiber, Konst. 36. V.
Dannehl, Hugo 53. V.
Dannemann, Fried. 25. V.
Decker, Claus 65. P.
Delbrück, Konr. 45. P.
Detoros, Georg 54. P.
Dexheimer, Arth. 23. V.
Diedrichs, Alex. 65. P.
Dienstbach, Osk. 41. E.
Diethelm, Bernh. 48. P.

Dietz, W. 60. P.
Dietze, Paul 30. V.
Dinkelmann, Paul 36. V.
Dinslage, Ed. 65. P.
Dittmar, Hans 23. V.
Dmochowski, Roman 33. V.
Döhle, Wilh. 30. V.
Doepmann, Felix 65. P.
Donsky, Lewek 52. P.
Dongall, Mc. 60. P.
Dürre, Fritz 51. P.
Dürrfeld, Vikt. 35. V.
Duttenhöfer, Alfr. 68. P.

Eberstadt, Otto 27. V.
Ebert, Erich 30. V.
Ebert, Georg 41. E.
Echeandia, Eusebio 15 V.
Eckardt, Moritz 53. P.
Eckenberg, Walter 27. V.
Edlefsen, Hunold 58. P.
Ehlers, Curt 17. V.
Ehlert, Herm. 22. V.
Eichel, Kurt 22. V.
Eichler, Theod. 54. P.
Elgerus, Ernst 28. V.
Ellmer, Albert 24. V.
Elvert, Heinr. 68. P.
v. Engelhardt, Kurt 30. V.
Engemann, Carl 22. V.
Erdmann, Rich. 34. V.
Erfurt, Friedr. 22. V.
Erhardt, Harry 28. V.
Esser, Paul 15. V.
Ettinger, Leo 33. V.
Eversheim, Ernst 20. V.
Eyssen, Herm. 60. P.

Faehr, Paul 64. P.
Fajàns, Cas. 27. V., 40. E.
Farkas, Mitan 15. V.
Feibelmann, Rich. 63. P.
Felmayer, Viktor 19. V.
Felser, Heinr. 44. P.
Fester, Gust. 33. V., 41. E.
Fickewirt, Georg 62. P.
Fiedler, Franz 21. V.
Fischer, Max 36. V.
Flatau, Erich 15. V.
Fleischer, Karl 51. P.
Flucke, Anton 69. P.
Flügel, Max 22. V.
Foizik, Arth. 16. V.
Forster, Alfons 31. V.
Franck, Walter 33. V., 41. E.
Franck, Willy 67. P.
Fraenkel, Hedw. 24. V.
Frank, Henry 54. P.
Frankenstein, Reinh. 20. V.
Frantz, Friedr. 31. V.
Frantz, Theod. 27. V.
Frenkel, Isaak 55. P.
Fresenius, Karl 19 V.
Fresenius, Ludw. 33. V.
Freudenberg, Karl 16. V.
Frey, Willy 28. V.
Friedemann, Erich 55. P.
Friederici, Oskar 26. V.
Friedmann, Otto 19. V.
Friedrich, Gotth. 21. V., 47. P.
Friedrich, Rich. 22. V.
Friend, D. Newton 69. P.
Frincke, Werner 26. V.
Fritzen, Adolf 23. V.
Froehlich, Ernst 17. V.
Frommel, Wilh. 28 V.
Furlong, J. Ralf 37. V.

Gambaroff, Stephan 63. P.
Gammay, Herm. 29. V.
Garfunkel, Moses 15. V.
Gatelet, Carl 17. V.
Gaupp, Otto 24. V.
v. Gaza, Bernh. 21. V.
Gebhard, Karl 62. P.
Gebhardt, Heinr. 23. V.
Geiger, Otto 36. V.
Geller, Isidor 19. V.
Geller, Leon. W. 45. P.
Gerber, Herm. 66. P.
Gerhardt, Walter 33. V., 41. E.
Gerum, Josef 49. P.
Gesing, Rich. 65. P.
Geßler, Alb. 45. P.
Geyer, Alfr. 24. V.
Giese, Herm. 35. V.
Gläsel, Hans 27. V.
Glahn, Wilh. 62. P.
v. Glehn, Felix 30. V.
Glück, Joseph 24. V.
Glücksberg, Rachmil 20. V.
Glund, Wilh. 15. V.
v. Göncz, Dionys 49. P.
Goerges, Hans 15. V.
Götz, Carl 51. P.
Golatty, Lukas 16. V.
Goldberg, Karl 32. V.
Goldschmidt, Hans 46. P.
Goldschmidt, Theod. 67. P.
Gompff, Aug. 69. P.
Gotthilf, Arth. 21. V.
Gottlob, Otto 57. P.
Graff, Walter 66. P.
Graner, Paul 23. V.
Grau, Kurt 27. V.
Grave, Aug. 33. V.
Greb, Wilh. 34. V.
Greeff, Emil 20. V.
Grimm, Hans 30. V.
Grimme, Clemens 56. P.
Grünberg, Joh. 28. V.
Grüneberg, Hans 43. P.
Grunewald, Ernst 28. V.
Guggiari, Bruno 18. V.
Gulewitsch, Herm. 17 V.
Gutmann, Salomon 64. P.
Gwyer, Alfred 53. P.
Haakh, Herm. 34. V.
Haas, Ferd. 46. P.
Hachmann, Wilh. 17. V.
Hädrich, Ad. 20. V.
Haeffner, Carl 29. V.
Hähnel, Otto 15. V.
Härtel, Rich. 59. P.
Hager, Herm. 33. V., 41. E.
Hahl, Hans 68. P.
Halberkann, Josef 66. P.
Halla, Franz 16. V.
Hallmann, Karl 15. V.
Hamburger, Alex. 63. P.
Hâncu, Vasile H. 49. P.
Hannen, Max 27. V.
Hansen, Christ. 30. V.
Harff, Heinr. 19. V.
Haring, Kurt 31. V.
Harnist, Karl 35. V.
Hartmann, Max 41. E.
Hartmann, Paul 17. V.
Hartmann, Walter 33. V., 41. E.
Hartogh, Erw. 34. V.
Hartung, Kurt 30. V.
Hasselbach, Alex. 32. V.
Hatlapa, Adrian. 18. V.
Haupt, Carl 44. P.
Hauth, Aug. 50. P.
Hecking, Arnulf 36. V.
Heiduschka, Alfr. 41. E., 63 P.
Heine, Fritz 20. V.
Heilbron, Isidore 30. V.
Heintz, Walter, 27. V.
Heiten, Edm. 46. P.
Heller, E. Rich. 48. P.
Hempel, Hubert 28. V.
Henderson, Percival 52. P.
Herb, Otto 41. E., 63 P.
Hercher, Rich. 56. P.
Hermsdorf, Albin 31. V.
Herre, Erich 45. P.
Herrmann, Paul 45. P.
Herrmann, Willy 47. P.
Herrschel, Paul 47. P.
Herzfeld, Eugen 64. P.
Hess, Herm. 41. E.
Heyder, Rich. 24. V.
Heyer, Rich. 25. V.
Heymann, Harry 16. V.
Hicks, William 40. E., 55. P.
Hiemisch, Heinr. 53. P.
Hildesheimer, Arnold 16.V.
Hiosrowski, Alfr. 15. V.
Hirsch, Paul 32. V.
Hirschberg, Else. 16. V.
Hirt, Walter 53. P.
Hitschmann, Edm. 61. P.
Hobein, Rich. 49. P.
Hocheder, Ferd. 63. P.
Hodgson, Herbert 27. V.
Höhn, Fritz 64. P.
Höhn, Karl 33. V.
Höller, Herm. 49. P.

Hörmann v. Hörbach, Wilh. 35. V.
Hörnstein, Franz 49. P.
Hoffheinz, Martha 16. V.
Hoffmann, Alfr. 43. P.
Hoffmann, Felix 29. V.
Hoffmann, Walter 59. P.
Hofmann, Otto 27. V.
Hohenemser, Paul 58. P.
Hollwech, Wilh. 28. V.
v. Holtorf, Marian 28 V.
Hoogendijk, Gerard van Rossen 25. V.
Hoppe, Gerhard 21. V.
Horst, Heinr. 17. V.
Hübner, Hugo 44. P.
Hübner, Otto 56. P.
Hüssy, Werner 35. V.
Hüttlinger, Alfr. 49. P.
Hullard, Alex. 29. V.
Hunger, Paul 19. V.
Huttner, Friedr. 37. V.
Hviid, Niels 28. V.

Jacobs, Walter 43. P.
Jacobsohn, Leon 19. V.
Jacoby, Hans 48. P.
Jaeger, Friedr. 31. V.
Jahr, Max 55. P.
Jakob, Hans 28. V.
Janecke, Franz 26. V.
Jena, Carl 50. P.
Jensen, Gust. 17. V.
Jentgen, Herm. 15. V.
Jewnin, Max 32. V.
Joan, Constantin 17. V.
Jost, Fritz 44. P.
Jüdicke, Wilh. 24. V.
Jürgens, Viktor 43. P.
Jürgens, Wilh. 69. P.
Jung, Adolf 24. V.
Junker, Fritz 61. P.
Junkersdorf, Peter 46. P.

Kaatz, Leop. 18. V.
Kaim, Hans 47. P.
Kamphausen, Ernst 17. V.
Kananow, Georg 19. V.
Kania, Hugo 21. V.
Kantscheff, Basil 17. V.
Kassel, Rich. 30. V., 40. E.
Kayser, Eberh. 26. V.
Keding, Willy 59. P.
Mc. Kee, James 24. V.
Keetmann, Bruno 16. V.
Keller, Hugo 41. E.
Keller, Konrad 27. V.
Kellermann, Henrik 19. V.
Kellner, Béla 18 V.
Kemmerich, Wilh. 59. P.
Kempe, Martin 43. P.
Kempf, Joh. 32. V.
Kerb, Joh. Wolfg. 49. P.
Kerkovius, Berth. 33. V.
Kesseler, Hans 20. V.

Kiel, Oskar 18. V.
Kieninger, Max 22. V.
Kieser, Wilh. 35. V.
King, Rob. 20. V.
Kircher, Karl 57. P.
Klatte, Fritz 67. P.
Kleinschmidt, Alb. 55. P.
Klemm, Arno 31. V.
Klemann, Emil 67. P.
Klever, Helmut 66. P.
Klinger, Max 34. V.
Klöffler, Herm. 48. P.
Klonowsky, Sigism. 29. V.
Kmet, Gustav 17. V.
Knoch, Rob. 28. V.
Knorr, Angelo 41. E.
Knothe, Walter 26. V.
Knublauch, Oskar 19. V.
Kobbe, Wilh. 50. P.
Kobert, Karl 35. V.
Koch, Erich 21. V.
Koch, Franz 21. V.
Koch, Max 48. P.
Koch, Walter 24. V.
Koch, Werner 24. V.
Köhler, Alfr. 47. P.
Köhler, Fritz 55. P.
Koenig, Ad. 57. P.
König, Hans 24. V.
König, James 28. V.
Koelker, Arth. H. 44. P.
Koelsch, Herm. 34. V.
Koerner, Theo 47. P.
Kötschau, Rud. 27. V.
Kolasius, Friedr. 27. V.
Kopetschni, Ed. 19 V.
Koref, Fritz 19. V.
Kornagel, Georg 60. P.
Kosegarten, Theod. 29. V.
Kraemer, Ad. 43. P.
Kraeuter, Waldemar 35. V.
Kraisy, Anton 41. E.
Krause, Alfr. 21. V.
Krause, Rob. 27. V.
Krebs, Paul 30. V.
Krech, Rud. 15. V.
Kreis, Heinr. 17. V.
Kretzschmar, Herm. 59. P.
Krier, Jean B. 15. V.
Krönlein, Gust. 30. V.
Krohg, Fredr. 18. V.
Krohn, Dankert 17. V.
Kršnjavi, B. 60. P.
Krüger, Alfr. 19. V.
Krüger, Otto 32. V.
Kruse, Erwin 29. V.
Kühl, Hugo 67. P.
Kühn, Gust. 49. P.
Küssner, Hans 40. E.
Kuliga, Erich 32. V.
Kurek, Carl 17. V.

Lachs, Hilarius 40. E.
Lachwitz, Aug. 35. V., 66P.
Lampert, Felix 32. V.

Langbein, Paul 36. V.
Lawczek, P. Herm. 68. P.
Lefèvre, K. Ulrich 53. P.
Leiser, Heinr. 45. P.
Lenger, Walter 16. V.
Lenz, Rud. 50. P.
Lesmüller, Aug. 34. V.
Leuchs, Otto 30. V.
Lewinsohn, Arnold 61. P.
Lewinsohn, Arth. 36. V.
Liban, Tadeus 29. V.
Lickfett, Herbert 35. V.
Liebmann, Jacob 26. V.
Lindner, Fritz 23. V.
Lindner, Kurt 29. V.
Lindtner, Julius 17. V.
Lister, Joseph 30. V.
Loesche, Ad. 31. V.
Loewen, Heinr. 16. V.
Löwenstein, Erich 25. V.
Löwenstein, Willy 18. V.
Lohmeyer, Carl 20. V.
Lohmeyer, Rob. 61. P.
Lohr, Friedr. 54. P.
Loose, Richard 32. V.
Lucking, Hubert 27. V.
Lumpp, Herm. 36. V.
Lungwitz, Paul 31. V.
Luther, Aug. 47. P.
Lutze, Bernh. 35. V.

Maaren, Ant. v. d. 15. V.
Maaß, Rob. 45. P.
Mair, Leop. 33. V.
Mallin, Arth. 32. V.
Mallison, Heinr. 51. P.
Mampel, Julius 54. P.
Manger, Erich 20. V.
Margus, Aug. 22 V.
Mariam, Theod. 46. P.
Mark, Hans 61. P.
Markwalder, Joseph 48. P.
Martin, Alfr. 64. P.
Martin, Friedr. 28. V.
Marx, Hans 42. P.
Marzahn, Willy 17. V.
Masing, Georg 25. V.
Mathias, Ludw. 45. P.
Matthaei, Ernst 37. V.
Matthes, Otto 50. P.
Maurer, Ed. 28. V.
Mayer, Gust. Ad. 53. P.
v. Mayer, Otto 55. P.
Mayer, Rud. 69. P.
Medicus, Friedr. 25. V.
Meinecke, Friedr. 60. P.
Meiser, Wilh. 41. E.
Meisenburg, Kurt 59. P.
Meißner, Georg 23. V.
Memmel, Christ. 18. V.
Mendel, Joh. 31. V.
Mendelssohn-Bartholdy, Paul 43. P.
Menz, Willibald 52. P.
Merckle, Elsa 41. E.

Merkel, Bened. 52. P.
Merkel, Erich 25. V.
Merres, Ernst 29. V., 58. P.
v. d. Merwe, Charl. D. 26. V.
Meye, Herm. Otto 53. P.
Meyer, Friedr. 21. V.
Meyer, Heinr. 61. P.
Meyer, Kurt H. 59. P.
Meyer, Willy 28. V.
Meyerheim, Georg 43. P.
Mezger, Rob. 67. P.
Michael, Otto 27. V.
Michel, Adolf 24. V.
Mielecke, Georg 65. P.
Mintz, Moses 20. V.
Mitrany, Jakob 18 V.
Mitscherlich, Harbord 64. P.
Moeser, Wilh. 22. V.
Mohs, Karl 53. P.
Moll, Rud. 31. V.
Monosohn, Salman 43. P.
de Montmollin, Guill. 33. V.
Moore, Charles W. 63. P.
Morawsky, Marcell 18. V.
Mosebach, Gerh. 33. V.
Moser, Ernst 36. V.
Moser, Hans 67. P.
Mrovek, Stanisl. 22. V.
Mrozkowsky, Stanisl. 34. V.
Mühlberg, Thilo 65. P.
Mühlinghaus, Paul 50. P.
Müller, Andreas 26. V.
Müller, Fritz 59. P.
Müller, Heinr. 24. V.
v. Müller, Herm. 43. P.
Muffat, Carl 67. P.
Murschhauser, Hans 63. P.
Mylius, Bruno 46. P.

Nachmann, Ad. 42. P.
Nádai, Geza 45. P.
Narassart, Manue 18. V.
Naumann, Rob. 44. P.
Nawrot, Joh. 26. V.
Nelken, Fritz 18. V.
Neovius, Werner 57. P.
Neresheimer, Heinr. 57. P.
Neunhöfer, Paul 34. V.
Newtonoff, Nikolaj 36. V.
Nicodemus, Otto 50. P.
Nicolaus, Arth. 47. P.
Nicolescu, Chr. 17. V.
Niescher, Max 31. V.
Nissen, Ed. 35. V.
Nöldechen, Benno 20. V.
Noether, Alfr. 23. V.
Noetzel, Otto 61. P.
Noll, Friedr. 27. V.
Nowak, Rob. 30. V.
Nowikow, Wassili 40. E.

Obermaier, Kurt 34. V.
Ochs, Felix 44. P.
Oechslin, Jakob 59. P.
Oldekop, Joh. 57. P.
Oltrogge, Heinr. 27. V.
Oppé, Alfr. 40. E., 56. P.
Oppermann, Max 36. V.
Oryng, Tad. 40. E.
Oschinsky, Bernh. 21. V.
Osse, Rob. 28. V.
v. Ossowetzky, Heinr. 28. V.
Ostwald, Walter 31. V.
Ott, Karl 41. E.
Otto, Joh. 22. V.

Paar, Wilh. 19. V.
v. Pahlen, Arend 28. V.
Pannwitz, Paul 36. V.
Pape, Carl 20. V.
Pape, Curt 20. V.
Pariser, Simon 29. V.
Parnas, Jakob 63. P.
Patschke, Friedr. Wilh. 53. P.
Paucke, Martin 61. P.
Perl, Johann 24. V.
Peters, Fritz 45. P.
Petschek, Ernst 23. V.
Pettit, James H. 25. V.
Pfaffendorf, Wilh. 33. V.
Pfister, Karl 41. E.
Pfitzenmaier, Karl 36. V., 41. E.
Pier, Matth. 44. P.
Plaschke, Emanuel 31. V.
Platts, Reginald 20. V.
Plüddemann, Werner 57. V.
Polack, Leo 55. P.
Pollatz, W. 60. P.
Pollinger, Osias 45. P.
Posnjak, Georg 30. V.
Prause, Georg 48. P.
Preußer, Ferd. 56. P.
Pröls, Wilh. 23. V.
Protopopescu, Georg 18. V.
Przeworsky, Georg 32. V.
Pumpelly, Laurence 66. P.
Pungs, Ernst 23. V.
Putzrath, Arthur 19. V.

Quincke, Gust. 63. P.
Quitmann, Eugen, 33. V., 41. E.

Raab, Ludw. 48. P.
Racke, Heinr. 36. V.
Ramsbottom, John Edw. 25. V.
Raspe, Friedr. 27. V.
Rathje, Arnold 58. P.
Reichardt, Arno 31. V.
Reichardt, Kurt 26. V.
Reichel, Herm. 30. V.
Reinau, Erich 19. V.
Reinbeck, Martin 33. V., 41. E.
Reiner, Fritz 23. V.
Reinert, Eugen 36. V.
Reinhold, Bernh. 24. V.
Reinicke, Rich. 26. V.
Reitler, Osser Hirsch 24. V.
Remmler, Hans 34. V.
Renker, Max 19. V.
Renning, Julius 33. V.
Reppert, Rud. 45. P.
Reuter, Rud. 22. V.
Rewald, Bruno 17. V.
Richter, Joh. 22. V.
v. Riedel-Riedenstein, Erik 34. V.
Riffarth, Hans 34. V.
Rill, Joh. 51. P.
Ripke, Otto 29. V.
Ritzel, A. 60. P.
Robison, Rob. 30. V.
Roch, Heinr. 47. P.
Rodewald, Gust. 28. V.
Röhler, Herm. 30. V.
Roelle, Heinr. 26. V.
Roemer, Heinr. 65. P.
Roemmler, Willy 47. P.
Rohdich, Otto 56. P.
Roll-Hansen, Cay 22. V.
Rosanoff, Nicolai 59. P.
Rosenberg, Egon 17. V., 65. P.
Rosenthal, Leo 26. V.
van Rossen Hoogendijk, Gerard 25. V.
Rothe, Alfr. 47. P.
Rothermund, Aug. 36. V.
Rothmann, Walter 20. V.
Rothschild, Max 34. V.
Rudolph, Max 16. V.
Runge, Walter 25. V.
Ruppel, Ad. 24. V.
Ruthing, Alexander 26. V.

Sahmen, Rud. 52. P.
Sakom, Daniel 27. V.
Sander, Fritz 27. V.
Sandel, Heinr. 27. V., 60. P.
Sanvelian, Minas 22. V.
Sarch, Josef 29. V.
Sattler, Erich 29. V.
Sautermeister, Anton 50. P.
Schaal, Hubert 37. V.
Schaal, Oskar 36. V.
Schaal, Richard 54. P.
Schäffer, Ad. 64. P.
Schäling, Karl 32. V.
Schaerer, Otto 36. V.
Schaper, Karl 20. V.
Schaub, Friedr. 68. P.
Schauseil, Walter 23. V.
Schellack, Ed. 51. P.
Schellbach, Joh. 21. V.
Scheller, Ed. 33. V.
Scheller, Emil 64. P.
Schenk, Daniel 68. P.
Schenk, Konrad 35. V.
Schenk, Martin 62. P.
Schieder, Heinr. 64. P.
Schier, Adam 24. V.
Schildbach, Rich. 22. V.

Schimmel, Alfr. 17. V.
Schindler, Erich 49. P.
Schlecht, Heinr. 35. V.
Schlegel, Friedr. 18. V.
Schlesinger, E. Rob. 21. V.
Schlie, Klaus 20. V.
Schmachtenberg, Hermann 68. P.
Schmandt, Wilfred 28. V.
Schmidt, Herm. 58. P.
Schmidt, Rud. 25. V.
Schmitz, Heinr. 31. V.
Schmoldt, Philipp 49. P.
Schneider, Bruno 16. V.
Schneider, Gustav 35. V.
Schneider, Wilh. 16. V.
Schnitzler, Joseph 30. V.
Schöllkopf, Jacob 66. P.
Schohl, Max 56. P.
Schopper, Rud. 31. V.
Schott, Ehrh. 55. P.
Schott, Otto 55. P.
Schreckenbach, Rud. 23. V.
Schreiner, Wilh. 55. P.
v. Schroeder, Joh. 30. V.
Schroeter, Karl 21. V.
Schubert, Alwin 46. P.
Schubert, Carl 22. V.
Schütt, Arthur 57. P.
Schuler, Karl 19. V.
Schultze, Hans 41. E.
Schulz, Herm. 17. V.
Schulze, Paul 18. V.
Schumann, Theod. 68. P.
Schurigin, Michael 26. V.
Schwabacher, Max 33. V.
Schwabe, Wilmar 62. P.
Schwake, Wilh. 35. V.
Schwartz, Ad. 51. P.
Schweizer, Max 36. V.
Schwenk, Joh. 51. P.
Schwiff, Henia 17. V.
Seeberg, Theod. 29. V.
Seegers, Carl 62. P.
Seer, Christ. 57. P.
Seib, Karl 16. V.
Seidler, Leop. 58. P.
Semper, Leop. 63. P.
Serger, Herm. 27. V.
Sibbern-Sibbers, Friedr. 35. V.
Sieber, Franz 37. V.
Siebert, Rud. 28. V.
Siegfrid, Erwin 31. V.
Simon, Theod. 66. P.
Skopnik, Albr. 20. V.
v. d. Smissen, Heinr. 45. P.
Smith, Don. P. 52. P.
Smollny, Max 49. P.
Sogomonoff, Socrates 52. P.
Soika, Gerorg 21. V.
Sommer, Fritz 27. V., 54. P.
Sondag, Walter 46. P.
Sonn, Ad. 43. P.
Spangenberg, Otto 43. P.
Spear, Ellwood 54. P.
Spiro, Chuno 27. V., 40. E.
Stähelin, Paul 48. P.
Stahlschmidt, Alex. 16. V.
Staiger, Fritz 29. V.
Stamer, Joseph Aron 26. V.
Stanford, Rob. 29. V.
Stanisch, Theophil 36. V.
Stassen, Karl 46. P.
Staubach, Franz 27. V.
Steger, Georg 32. V.
Stegmüller, Phil. 57. P.
Stein, Gerh. 52. P.
Steiner, Max 16. V.
Steingroever, Jos. 43. P.
Steinhaus, Wilh. 32. V.
Steinle, Rud. 27. V.
Steinweg, Eugen 17. V.
Stenzl, Hans 63. P.
Stephan, Erich 44. P.
Stern, G. 60. P.
Stern, Otto 21. V.
Stern, Rud. 54. P.
Steuer, Otto 50. P.
Stiegler, Alfr. 35. V., 65. P.
Stieldorf, Peter 55. P.
Stietzel, Fritz 47. P.
Stilp, Karl 22. V.
Stoecker, Julius 18. V.
Stöhr, Herm. 24. V.
Stötter, Herm. 24. V.
Stoltzenberg, Hugo 40. E.
Stoof, Hans 44. P.
Storz, Ludw. 68. P.
Straumer, Paul 16. V.
Strich, Mich. 55. P.
Stromann, Herm. 52. P.
Strube, Martin 32. V.
Strum, Schoel 24. V.
Struth, Georg 24. V.
Struth, Herm. 51. P.
Süßkind, Elias 45. P.
Szécsi, Paul 17. V.

Takens, Enno 25. V.
Tedesco, Herm. 23. V.
Teichmann, Karl 32. V.
Ter Wartanian, Suren 32. V.
Thiel, Elmire 16. V.
Thiele, Karl 15. V.
Thiele, Martin 17. V.
Thiele, Oskar 29. V.
Thiele, Walter 21. V.
Thieler, Sigm. 15. V.
Thompson, Herbert Bryan 69. P.
Thompson, James 55. P.
Thomson, David 25. V.
Tiede, Erich 16. V.
Tietz, Paul 21. V.
Tischner, Walter 31. V.
Titlestad, Nicolai 20. V.
Toepke, Gust. 35. V.
Transier, Jakob 54. P.
Trummel, Paul 46. P.
Trunkel, Hans 32. V.
Tschunke, Reinh. 21. V.
Tuckum, Emil 26. V.
Turezynski, Karol 18. V.

Uebelhör, Fritz 64. P.
Ueberle, Georg 24. V.
Ulrich, Henry 48. P.
Ulrich, Max 29. V.
Unverdorben, Otto 26. V.

Vageler, Hans 29. V.
Veckenstedt, Heinr. 41. E.
Vetter, Emil 49. P.
Viehmeyer, Paul 28. V., 37. V.
Vogel, Max 59. P.
Vogt, Arth. 22. V.
Vogt, Wolfram 32. V.
Voigt, Wilh. 22. V.
Voitinowici, Arth. 43. P.
v. Volborth, Alexis 20. V.
Volk, Walter 32. V.
Volkmann, Karl 50. P.
Volmer, Max 32. V.
Voss, Gerhard 52. P.
Voss, Heinr. 26. V.
Vossen, Alb. 15. V.
Vossen, Gustav 20. V.

Wachendorff, Theod. 20. V.
Wacker, Alex. 51. P.
Waentisch, Rud. 40. E., 56 P.
Wäser, Bruno 18. V.
Wagner, Heinr. 27. V.
Wagner, Heinr. 33. V., 41. E.
Wagner, Herm. 34. V.
Wagner, Mario 30. V.
Waldmann, Aug. 33. V.
Walsleben, Ulrich 31. V.
Walter, Paul 46. P.
Wassermann, Ernst 53. P.
Weber, Erich 66. P.
Weber, Walter 31. V.
Wedekind, Otto 67. P.
Wegerhoff, Rud. 27. V.
Weidenhaupt, Otto 32. V.
Weidenkaff, Erich 49. P.
Weidner, Edm. 31. V.
Weidner, Karl 23. V.
Weigand, Walter 35. V.
Weigert, Walter 44. P.
Weiniger, Ernst 61. P.
Weinstein, Paul 53. P.
Weir, Joh. 37. V.
Weiß, Lothar 21. V.
Weller, Arnold 50. P.
Welsch, Aug. 24. V.
Wendel, Adolf 65. P.
Werkmeister, Otto 29. V.
Werr, Hans 32. V.
Weymann, Karl 18. V.
Weymann, Karl 18. V.

Widmann, K. Theod. 36. V.
Wiechers, Louis 25. V.
Wiegand, Gust. 49. P.
Wienhaus, Heinr. 51. P.
Wießner, Erich 21. V.
Wildt, Edwin 46. P.
Williams, Rob. S. 52. P.
Willner, Kurt 45. P.
Winkelhausen, Wilh. 32. V.
Winkler, Joh. 30. V.
Winograd-Finkel, Marie 24. V.
Winter, Herm. 27. V.
Wirth, Christ. 64. P.
Wirth, Fritz 45. P.
Witte, Adolf 51. P.
Wittmann, Jacob 24. V.
Witzmann, Walter 56. P.
Wöhler, Paul 56. P.
Woernle, Martin 48. P.
Wolff, Emil 24. V.
Wolff, Julius 18. V.
Wolfrum, Rich. 22. V.
v. Wrangell, Marg. 36. V.
Wronka, Joh. 21. V.
Wülfing, Hans 25. V.
Wünsch, Edwin 54. P.
Wulff, Otto 27. V.
Wurl, Erich 66. P.
Wurmbach, M. Otto 17. V.
Young, Bernh. 23. V.

Zahn, Kurt 49. P.
Zahn, Victor 27. V.
Zietlow, Ernst 21. V.
Zimmermann, Kurt 69. P.
Zöller, Heinr. 51. P.
Zoneff, Nicolaus 17. V.
Zortmann, Israel 59. P.
Zschimmer, Bodo 22. V.
Zsuffa, Milan 17. V.
Zumbusch, Emilie 33. V.
Zymandl, Clara 19. V.

LEIPZIG, OSKAR LEINER. 13b08

FSC
www.fsc.org
MIX
Papier | Fördert gute Waldnutzung
FSC® C083411

Kolibri 360 GmbH
Ferdinand-Jühlke-Straße 7
99095 Erfurt, Deutschland
produktsicherheit@kolibri360.de